高职高专艺术设计专业规划教材·印刷

MODERN PRINTING TECHNOLOGY

现代印刷技术

孟婕　万正刚　等编著

U0254018

中国建筑工业出版社

图书在版编目（CIP）数据

现代印刷技术 /孟婕，万正刚等编著. —北京：中国建筑工业出版社，
2014.12
高职高专艺术设计专业规划教材·印刷
ISBN 978-7-112-17553-6

I.①现… Ⅱ.①孟…②万… Ⅲ.①印刷术–高等职业教育–教材 Ⅳ.①TS805

中国版本图书馆CIP数据核字（2014）第274846号

　　本书根据高等职业教育教学需要，突出职业岗位技术技能要求，以印刷生产工艺流程为主线，
按项目方式来编写。本书主要讲述了印刷基础知识、印刷色彩、数字印前工艺、平版印刷、凹版印刷、
凸版印刷、丝网印刷、数字印刷、印后加工等内容，安排相应生产实践案例，便于读者对相应内容
的理解和掌握。

　　本书可作为印刷专业、图文专业、包装专业、艺术设计类等专业相应课程的教材，同时也可供
印刷、图文、设计等相关企业从业人员使用。

责任编辑：李东禧　唐　旭　陈仁杰　吴　绫
责任校对：李欣慰　刘梦然

高职高专艺术设计专业规划教材·印刷
现代印刷技术
孟婕　万正刚　等编著
＊
中国建筑工业出版社出版、发行（北京西郊百万庄）
各地新华书店、建筑书店经销
北京嘉泰利德公司制版
北京方嘉彩色印刷有限责任公司印刷
＊
开本：787×1092毫米　1/16　印张：9　字数：217千字
2015年1月第一版　2015年1月第一次印刷
定价：**50.00**元
ISBN 978-7-112-17553-6
　　　　（26754）

"高职高专艺术设计专业规划教材·印刷" 编委会

总 主 编：魏长增

副总主编：张玉忠

编　　委：(按姓氏笔画排序)

万正刚　王　威　王丽娟　牛　津　白利波

兰　岚　石玉涛　孙文顺　刘俊亮　李　晨

李晓娟　李成龙　吴振兴　金洪勇　孟　婕

易艳明　高　杰　谌　骏　靳鹤琳　雷　沪

解　润　魏　真

序

    2013 年国家启动部分高校转型为应用型大学的工作，2014 年教育部在工作要点中明确要求研究制订指导意见，启动实施国家和省级试点。部分高校向应用型大学转型发展已成为当前和今后一段时期教育领域综合改革、推进教育体系现代化的重要任务。作为应用型教育最基层的众多高职、高专院校也会受此次转型的影响，将会迎来一段既充满机遇又充满挑战的全新发展时期。

    面对众多研究型高校转型为应用型大学，高职、高专作为职业技术的代表院校为了能够更好地迎接挑战，必须努力提高自身的教学水平，特别要继续巩固和加强对学生操作技能的培养特色。但是，当前职业技术院校艺术设计教学中教材建设滞后、数量不足、种类不多、质量不高的问题逐渐显露出来。很多职业院校艺术类教材只是对本科教材的简化，而且均以理论为主，几乎没有相关案例教学的内容。这是一个很大的问题，与当前学科发展和宏观教育发展方向是有出入的。因此，编写一套能够符合时代发展需要，真正体现高职、高专艺术设计教学重动手能力培养、重技能训练，同时兼顾理论教学，深入浅出、方便实用的系列教材就成为了当务之急。

    本套教材的编写对于加快国内职业技术院校艺术类专业教材建设、提升各院校的教学水平有着重要的意义。一套高水平的高职、高专艺术类教材编写应该有别于普通本科院校教材。编写过程中应该重点突出实践部分，要有针对性，在实践中学习理论，避免过多的理论知识讲授。本套教材邀请了众多教学水平突出、实践经验丰富、专业实力雄厚的高职、高专从事艺术设计教学的一线教师参加编写。同时，还吸纳很多企业一线工作人员参加编写，这对增加教材的实用性和实效性将大有裨益。

    本套教材在编写过程中力求将最新的观念和信息与传统知识相结合，增加全新案例的分析和经典案例的点评，从新时代的角度探讨了艺术设计及相关的概念、方法与理论。考虑到教学的实际需要，本套教材在知识结构的编排上力求做到循序渐进、由浅入深，通过大量的实际案例分析，使内容更加生动、易懂，具有深入浅出的特点。希望本套教材能够为相关专业的教师和学生提供帮助，同时也为从事此专业的从业人员提供一套较好的参考资料。

    目前，国内高职、高专艺术类教材建设还处于起步阶段，还有大量的问题需要深入研究和探讨。由于时间紧迫和自身水平的限制，本套教材难免存在一些问题，希望广大同行和学生能够予以指正。

总主编·魏长增

2014 年 8 月

前　言

　　印刷技术指视觉信息印刷复制的全部过程,即通过印前设计、制版、印刷、印后加工批量复制文字和图像的方法,包括印前、印刷、印后加工三大工序。随着计算机等技术的发展,印刷技术也在发生着很大变化,例如数字印刷技术、数字化工作流程等的发展。高职高专印刷、包装、图文专业的学生,需要对现代印刷技术有所了解,将其作为入门课程;对于艺术设计类专业的学生,也需要对现代印刷技术进行了解,这对今后工作有很大帮助,因此需将该课程列入课程体系中。

　　本书突出高职高专教学特点,按照职业岗位技术技能要求,以现代印刷生产工艺流程为主线,按项目进行编写。

　　本书可作为印刷专业、图文专业、包装专业、艺术设计类等专业相应课程的教材,同时也可供印刷、图文、设计等相关企业从业人员使用。

　　孟婕为本书的主要编写者,万正刚、孙文顺参与编写,解润也承担部分编写和校对工作,在编写过程中得到今晚报社印刷厂、天津艺虹印刷发展有限公司等企业的大力支持,这里深表感谢!本书在编写过程中参考和引用了相关的书籍与资料,引用了网络上一些图片资源,在此谨向所有作者表示感谢!

　　在本书编写过程中,由于编者水平有限,书中难免有不当之处,望广大读者朋友、同行批评指正。

目 录

概　述

1. 现代印刷概述与发展

印刷的概念是一个历史范畴，从最早出现的雕版印刷术算起，至今已有1300多年，在这期间，随着社会经济的发展和科学技术的进步，印刷的内涵在不断丰富和完善。

印刷业是个相当庞杂的行业，它不仅内部细分行业多，也涉及很多相关的行业，可以说，它是一个巨大的行业体系。同时也是一个历史悠久的行业体系，从中国古代的印刷术到近代欧洲的印刷机的问世，印刷技术就一步步深入生产、生活，并一步步壮大、发展，形成一整个大的工业。对人类文化的传播、发展有重大作用的印刷术处处闪现着劳动人民智慧的光辉。

1）印刷定义

随着时代的不同，印刷的内涵也在发生着变化。长期以来，印刷生产都要有印版，通过压力将印版上的油墨（或色料）转移到承印物上。因此，人们认为印刷技术的发展就是印版和压力的演变。但是，随着电子、激光、计算机等技术向印刷领域的不断扩展以及高科技成果在印刷中的应用，对以印版和压力为基础的传统模拟印刷提出了挑战，不需要印版和压力的数字化印刷方法出现了，例如数字印刷（图0-1）、激光打印、电子束成像、喷绘（图0-2）、热蜡转印、热升华转印等，使人们对印刷的定义有了新的认识。

我国国家标准 GB/T9851.1-2008 "印刷技术术语" 中对印刷是这样定义的：印刷（printing），使用模拟或数字的图像载体将呈色剂 / 色料（如油墨）转移到承印物上的复制过程。从印刷的定义可以看出，印刷是一种对原稿图文信息的复制技术，它的最大特点是能够把原稿上的图文信息大量地、经济地再现在各种各样的承印物上，可以说，除了空气和水之外都能印刷，而其成品还可以广泛的流传和永久的保存，这是电影、电视、照相等其他复制技术无法与之相比的。

图 0-1　数字印刷

图 0-2　喷绘

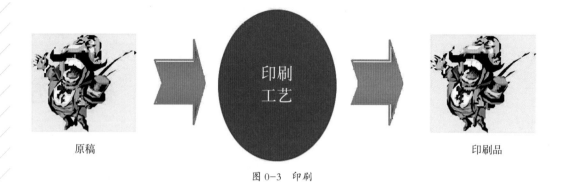

原稿   印刷工艺   印刷品

图 0-3　印刷

2）印刷特点

印刷品是传播科学文化知识的媒介，人们所看到的书刊以及学习工具书、百科知识等，都充实着我们的生活，是教育事业必须具备的物质基础，是装潢、宣传商品的一种手段，是一种传播视觉信息、促进社会文明发展的重要手段。可以说，我们生活的一举一动，一景一物都离不开印刷品，印刷已经成为人类生活中不可缺少的一部分。

（1）政治性

报纸、文件标头、期刊、书籍、文件等印刷品，具有宣传国家政策、方针的作用，是为政治服务的强有力的舆论工具。每一个国家的权力机构都要牢牢地掌握这些舆论工具，使这些印刷品为巩固国家的政权而服务。

（2）严肃性

印刷品的种类繁多，涉及政治、文化、军事、科研等领域。在印刷品的生产过程中，必须认真负责、严格校对，使其按照原稿准确无误地印刷出来，不允许有半点差错，否则造成的后果不堪设想。

（3）机密性

印刷品中有限制阅读的非公开出版发行的读物，有严防伪造的钞券、票据，有军用地图、科研资料，有未经使用的试卷。从事这类印刷品生产的人员，必须"保守机密，慎之又慎"，严格遵守保密纪律。

（4）工业性

印刷品是由运用印刷技术的生产部门加工而成的。印刷业与造纸、油墨、印刷机械制造业构成一个庞大的工业体系，属于轻工业的范畴，具有一般工业的特性。必须实行经济核算、计划管理和技术管理。要求对品种、原材料消耗、成本、产值、利润、质量、劳动生产率等指标全面完成。

（5）科学性

印刷技术是建立在数字、物理、化学、电子学、力学、机械学、流变学等基础学科之上的。长期以来，印刷技术在发展过程中，又围绕自身的印刷内容，逐步形成一套印刷适性、印刷油墨转移原理等，科学越进步，印刷越发达。

（6）技术性

印刷是实用科学。印刷品的制作绝非空谈理论者所能从事，必须将理论与技术密切结合。如印刷压力的调整、油墨的配置、墨色的控制、印刷速度的掌握、色序的运用等，都需要有娴熟的技术，才能处理得当。经验丰富、技术熟练者与经验不足、技术生疏者，所制作的印刷成品，在质量上往往有较大的差距。

（7）艺术性

印刷品能否使读者赏心悦目、爱不释手，除内容外，视原稿设计的精美，版面安排的生动、色彩调配的鲜艳、装潢加工的典雅、大方等而定，必须赋予印刷品以美的灵感，印刷技术本身就是一门艺术加工的技术。

综上所述，印刷品是科学、技术、艺术的综合产品。因此，印刷的从业人员，应具有较高的文化水平，掌握必要的印刷理论知识，还要具备熟练的印刷操作技能，在生产实践中，不断地提高自身的艺术修养，才能生产出精良、优美的印刷品。

3）现代印刷发展

数字化和网络化已成为当今印刷技术发展的趋势，贯穿整个印刷产业，正在构筑一种全新的生产环境和技术基础。数码图文印刷是印刷技术数字化和网络化发展的新生事物，也是当今印刷技术发展的焦点。

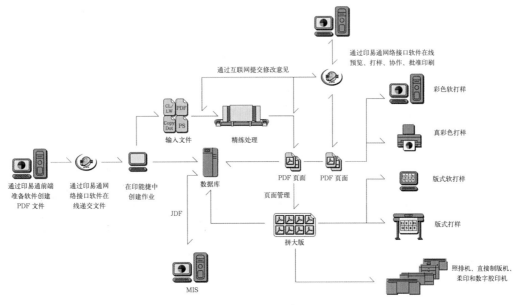

图 0-4　现代印刷数字化流程

2. 印刷常见分类

人们认识的印刷有许多种，从不同方面、不同角度对印刷分类，可分成以下不同类型。

1）根据印版上图文与非图文区域的相对位置分类

按照印版上图文与非图文区域的相对位置，常见的印刷方式可以分为凸版印刷、凹版印刷、平版印刷及孔版印刷四大类。

（1）凸版印刷，印版的图文部分凸起，明显高于空白部分，印刷原理类似于印章，早期的木版印刷、活字版印刷及后来的铅字版印刷等都属于凸版印刷。

图 0-5　凸版印刷

柔性版印刷(Flexography)，凸版印刷技术的一种，又称苯胺印刷。用橡皮及软性树脂作印版，用水溶性色料印刷。最初用的色料是苯胺型染料，故过去称苯胺印刷，常适用于印制塑料袋、标签及瓦楞纸。印刷网点、线条的精细度也逐渐接近胶印。

（2）凹版印刷，印版的图文部分低于空白部分，常用于钞票、邮票等有价证券的印刷。

适合印制高品质及价值昂贵的印刷品，不论是彩色还是黑白图片，凹版印刷效果都能与摄影照片相媲美。由于制版费昂贵，印量必须大，故也是在普遍方法中较少采用的一种。适用于印制有价证券、股票、礼券、商业性信誉之凭证或文具等。

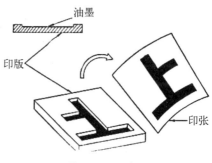

图 0-6　凹版印刷

（3）平版印刷，印版的图文部分和空白部分几乎处于同一平面，利用油水相斥的原理进行印刷的方式，如图 0-7 所示，胶印（Offset）是平版印刷的一种，是目前的主要印刷方法。胶印能以高精度清晰地还原原稿的色彩、反差及层次，是目前最普遍的纸张印刷方法。适用于海报、简介、说明书、报纸、包装、书籍、杂志、月历及其他彩色印刷品。

（4）孔版印刷，印版的图文部分为洞孔，油墨通过洞孔转移到承印物表面，常见的孔版印刷有镂空版和丝网版印刷等，如图 0-8 所示。

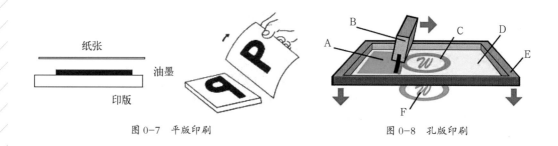

图 0-7　平版印刷　　　　　　　　图 0-8　孔版印刷

丝网印刷作为一种利用范畴很广的印刷，按照承印物可分为：织物印刷、塑料印刷、金属印刷、陶瓷印刷、玻璃印刷、电子印刷等。

2）根据印刷机的输纸方式对印刷方法进行分类

根据印刷机所使用的输纸方法，印刷可以分为：

（1）平板纸印刷：也称单张纸印刷，是应用平板（单张）纸进行印刷，如图 0-9 所示。

（2）卷筒纸印刷：也称轮转印刷，是使用卷筒纸印刷的方法，如图 0-10 所示。

图 0-9 单张纸印刷

图 0-10 卷筒纸印刷

3）根据印版是否与承印物接触对印刷方法进行分类

根据印版是否直接与承印物接触，印刷可以分为：

直接印刷：印版上的油墨直接与承印物接触印刷，例如凸版印刷、凹版印刷、丝网印刷。

间接印刷：印版的油墨经过橡皮布转印在承印物上的印刷方法，印版和承印物不直接接触，例如胶印。

4）根据印版是否采用印版对印刷方法进行分类

根据是否采用印版，印刷可以分为：

有版印刷：印版采用预先制好的印版在承印物上印刷的方式，例如胶版印刷、凸版印刷、凹版印刷、丝网印刷。

无版印刷：印版直接通过计算机驱动的打印头（或印刷头）直接在承印物上印刷的方法，如数码印刷。

5）根据印刷色数分类

（1）单色印刷：单色印刷是指利用一版印刷，它可以是黑版印刷、色版印刷、也可以是专色印刷。专色印刷是指以专门调制设计中所需的一种特殊颜色作为基色，通过一版印刷完成。

图 0-11 单色印刷

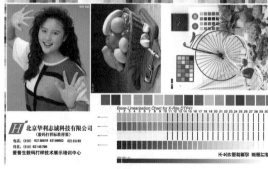

图 0-12 彩色印刷

（2）彩色印刷：即多色印刷，一个印刷过程中，在承印物上印刷两种或两种以上的墨色，叫做多色印刷。一般指利用黄（Y）、品红（M）、青（C）三原色和黑（BK）油墨叠印再现原稿颜色的印刷。对于一些专色的印刷品，例如线条图表、票据、地图等，则需要使用黄、品红、青三原色油墨调配出特定的颜色或由油墨制造厂供给专色油墨进行印刷。

6）根据印刷品用途分类

根据印刷品用途进行分类，如书刊印刷、报纸印刷、广告印刷、钞券印刷、地图印刷、文具印刷、特殊印刷等。

书刊印刷是指以书籍、期刊等为主要产品的印刷，书刊印刷主要以胶印为主。

报纸印刷是以报纸等信息媒介为产品的印刷，通过轮转胶印方式进行。

证券印刷是指以纸币、债券、股票等为印刷对象，具备防伪措施的印刷，以凹版印刷为主，以凸版及平版印刷为辅。

包装印刷是指以各种包装材料为主要产品的印刷，包装印刷是提高商品的附加值、增强商品竞争力、开拓市场的重要手段和途径，有着很好的发展前景，包装印刷可用平版印刷、柔性版印刷、凹版印刷、孔版印刷及特种印刷。

特种印刷是指采用不同于一般制版、印刷、印后加工方法和材料生产，供特殊用途的印刷方式，常见的特种印刷方式有：金属印刷、玻璃印刷、皮革印刷、塑料薄膜印刷、软管印刷、曲面印刷、磁卡和智能卡印刷、票证防伪印刷、贴花印刷、不干胶标签印刷、热敏油墨印刷、变色油墨印刷、珠光油墨印刷、发泡油墨印刷、磁性油墨印刷、荧光油墨印刷、凹凸印刷、立体印刷、激光全息虹膜印刷、液晶印刷、组合印刷等。

图0-13 书刊印刷

图0-14 报纸印刷

图0-15 商业印刷

图0-16 证券印刷

图 0-17　包装印刷

图 0-18　特种印刷

3. 印刷要素

印刷的要素是指在完成一件印刷品的复制过程中，所需要的最基本的元素。它也是一个历史的概念，是在不断地发展过程中。对于传统印刷而言，完成印刷复制作业必须具备五方面要素，因此，这又被称为印刷的五大要素，包括原稿（Original）、印版（Plate）、承印物、印刷油墨、印刷机械（Printing Machinery）五大要素。但对于数字印刷来说，则不需要印版这一要素，同时伴随着数字化、信息化等技术在现代印刷中的应用，这些印刷要素的内涵也发生变化。

图 0-19　印刷五大要素

1）原稿

原稿（Original）是印刷完成图像复制过程的原始依据，原稿是制版、印刷的基础，原稿质量的优劣，直接影响印刷成品的质量。因此，必须选择和设计适合印刷的原稿，在整个印刷复制过程中，应尽量保持原稿的格调。常见的印刷原稿有照片、画稿、实物、文字原稿、印刷品、数字原稿、光盘图库等。印刷原稿可以按照原稿内容、载体、色彩、原稿形式等来进行分类。

（1）按原稿内容分类

按原稿内容可分为文字原稿和图像原稿。文字原稿有手写稿、打字稿、印刷稿之分，可视需要，用为排版或照相之依据。供排版用者，必须清晰；供照相用者，除清晰以外，还须线画浓黑、反差鲜明者。

图像原稿，又分连续调原稿及线条原稿。连续调原稿，即图像从最亮到暗的色调是连续的，如照片、油画、水彩画等；线条原稿由点、线组成只有两个阶调的原稿，如漫画等。

照相原稿，有黑白照相与彩色照相之分，又各有阳像及阴像之别，并包括传真照片及分色负片在内。总之，以浓度正常，反差适中者方可供复制之用。

凡用于照相的原稿，又可概分为反射原稿（Reflection Copy）与透射原稿（Transparency Copy）两大类。前者为不透明稿；后者为透明稿，如幻灯片、透明图等。

画稿   照片原稿

线条原稿   透明原稿

图 0-20　印刷原稿

（2）按色彩分类

按色彩分为黑色原稿和彩色原稿。黑白原稿是指只有亮度变化的黑白原稿，如黑白照片、水墨画等；彩色原稿是既有亮度变化又有色相、饱和度变化的彩色原稿，如彩色片、彩色绘画等。

（3）按表现手法分类

按表现手法分：一种是绘制的各种画稿，如画家的艺术创作；一种是摄影原稿，虽然有摄影者的取舍作用，但一般都是大自然的真实记录。

（4）按图像的光学性能分类

一种是透射原稿，即底基是透明的，用透射光源观察的原稿，如反转片等；一种是反射原稿，即底基是不透明的，要用反射光观察的原稿，如照片原稿、印刷品原稿等。反射原稿大体可归纳为4种：各种画稿，如油画、国画、版画、水彩画、广告画等；黑白和彩色照片；印刷品再制版；实物原稿，一般指平面实物，如丝绸等。

2）印版

印版是用于传递油墨至承印物上的印刷图文载体。印版上吸附油墨的部分为印刷部分，也称图文部分；不吸附油墨的部分为空白部分，也称非图文部分。在传统的印刷模式中，依图文部分与空白部分的相对位置、高度的差别或传递油墨的方式，则可将印版分为凸版、平版、凹版、孔版，如图0-21所示。而用于印版的版基，就目前来看，主要有金属和非金属两种。

（1）凸版：凸版是印版的图文部分凸起并处在同一平面或同一半径的圆弧上，而印版的空白部分凹下，两者之间的高度差别明显。目前常用的凸版有感光树版和柔性版，同时也还使用部分铜锌版，这种印版主要用于书刊中的烫金。

（2）平版：平版是印版的图文部分与印版的空白部分几乎处在同一平面或同一半径的圆弧上，两者之间的高度差别不太明显。目前常用的平版有PS版，这也是印刷中应用最广泛的一种印版。

（3）凹版：凹版是印版的图文部分凹下，而印版的空白部分处在同一平面或同一半径的圆弧上，两者之间的高度差别明显。目前常用的凹版是电子雕刻凹版。

（4）孔版：孔版的图文部分是由小孔组成，印刷油墨就是由这些小孔漏印到承印物上，而非图文部分则是密封的，油墨不能下漏。常用的孔版有镂空版、丝网版等。

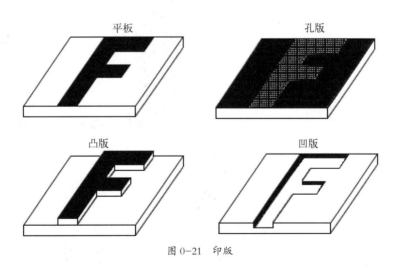

图0-21　印版

3）承印物

承印物是指能接受油墨或吸附色料并呈现图文的各种物质。承印物按分类有纸张、塑料、金属、陶瓷、织物等。常用的承印物主要是纸张，如图0-22所示。

（1）常用印刷纸张分类

纸张主要由植物纤维、胶料、填充料和色料组成。常用印刷用纸张主要有铜版纸、胶版纸、书刊纸、白板纸、新闻纸。铜版纸属涂料纸，胶版纸、新闻纸等属非涂料纸。纸张根据质量档次一般都分为三个等级，常用 A、B、C 表示，A 级为最好。纸张按包装形式可分为单张纸与卷筒纸，单张纸是通过卷筒纸分切而成的。

①铜版纸：在原纸表面涂布一层白色涂料后经压光处理制成的表面光滑平整的高级印刷纸，铜版纸又称印刷涂料纸，纸张表面光滑，白度较高，纸质纤维分布均匀，薄厚一致，伸缩性小，有较好的弹性和较强的抗水性能和抗张性能，对油墨的吸收性与接收状态较好。铜版纸主要用于印刷画册、封面、明信片、精美的产品样本以及彩色商标等，主要用于印刷精细的网线印刷品，是彩色印刷品与高档印刷品的首选纸张。铜版纸有单面铜版纸（单铜）与双面铜版纸（双铜）之分。铜版纸常见定量有 $70g/m^2$、$80g/m^2$、$100g/m^2$、$120g/m^2$、$128g/m^2$、$157g/m^2$、$180g/m^2$、$200g/m^2$、$250g/m^2$。

②亚粉纸：与铜版纸所不同的是该纸表面亚光，纸质纤维分布均匀，厚薄性好，密度高，弹性较好且具有较强的抗水性能和抗张性能，对油墨的吸收性与接收状态略低于铜版纸，但厚度较铜版纸略高。主要用于印刷画册、卡片、明信片、精美的产品样本等。常见定量有 $80g/m^2$、$105g/m^2$、$128g/m^2$、$157g/m^2$、$200g/m^2$、$250g/m^2$、$300g/m^2$、$350g/m^2$。

③胶版纸：是仅次于铜版纸的高级非涂料印刷纸，主要用于胶印书刊、画册、海报、期刊等普通单色印刷品或普通彩色印刷品的印刷。胶版纸也有单面胶版纸（单胶）与双面胶版纸（双胶）之分。

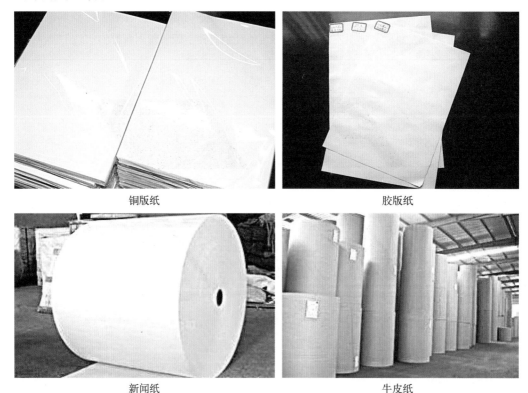

铜版纸   胶版纸

新闻纸   牛皮纸

图 0-22　印刷纸张

④书刊纸：是书刊、杂志等文字印刷品的胶印用纸。书刊纸在白度上不如胶版纸，吸湿性与吸墨性却比胶版纸稍强，纸易伸缩变形。

⑤新闻纸：是专用于报纸印刷的轮转胶印用纸，单张纸印刷机较少使用，新闻纸不施胶、吸墨性好、弹性好、抗水性差、尺寸稳定性差、白度低、易变脆变黄。

⑥白板纸：也是单面涂料纸，根据背面颜色不同，可分为白底白板与灰底白板两种，白底白板背面是白色的，灰底白板背面是灰色的。白板纸一般只进行单面印刷，是各种包装盒的主要印刷用纸。白板纸正面白度、平滑度、光泽度较高，接近铜版纸，白板纸吸墨性比铜版纸好，纸张较厚，紧度低，可压缩性与弹性都比铜版纸好得多。

（2）纸张的规格

①纸张尺寸及开度

书刊幅面大小为开本（开数）。全张纸大小幅面为全开，将全张纸平均分成几份，每一份即为几开。

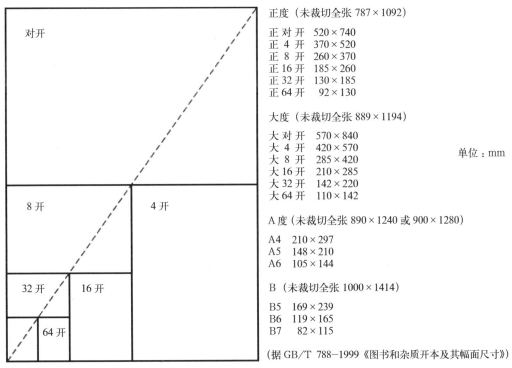

正度（未裁切全张 787×1092）

正 对 开　520×740
正 4 开　370×520
正 8 开　260×370
正 16 开　185×260
正 32 开　130×185
正 64 开　92×130

大度（未裁切全张 889×1194）

大 对 开　570×840
大 4 开　420×570
大 8 开　285×420
大 16 开　210×285
大 32 开　142×220
大 64 开　110×142

单位：mm

A度（未裁切全张 890×1240 或 900×1280）

A4　210×297
A5　148×210
A6　105×144

B（未裁切全张 1000×1414）

B5　169×239
B6　119×165
B7　82×115

（据 GB/T 788-1999《图书和杂志开本及其幅面尺寸》）

图 0-23　纸张尺寸与开本

②纸张的重量

定量是单位面积纸张的重量，单位为 g/m^2，即每平方米的克重。常用的纸张定量有 $50g/m^2$、$60g/m^2$、$70g/m^2$、$80g/m^2$、$100g/m^2$、$120g/m^2$、$150g/m^2$ 等。定量越大，纸张越厚。定量在 $250g/m^2$，以下的为纸张，超过 $250g/m^2$ 则为纸板。

令重是每令纸张的总重量，单位是 kg（公斤）。1 令纸为 500 张，每张的大小为标准规定的尺寸，即全张纸或全开纸。

根据纸张的定量和幅面尺寸，可以用下面的公式计算令重。

令重（kg）= 纸张的幅面（m^2）× 500 × 定量（g/m^2）÷ 1000

（3）纸张印刷性能

纸张的印刷适性是指纸张与印刷条件相匹配,适合于印刷作业的性能。主要有纸张的丝缕、抗张强度、表面强度、伸缩性等。

①纸张的丝缕

指纸张大多数纤维排列的方向。一般把纤维排列方向与单张纸（以全张纸为标准）长边平行的叫纵丝缕纸张；把纤维排列方向与平版纸长边垂直的叫横丝缕纸张。

②纸张的抗张强度

指纸张或纸板所能承受的最大张力，用绝对抗张力（kg）或裂断长（m）来表示。卷筒纸在高速轮转印刷中，如果纸张的抗张强度低于纸张受到的纵向拉力，就会出现纸张断裂的故障。印刷速度越快，用于印刷的纸张的抗张强度应该越大。

③纸张的表面强度

指纸张在印刷过程中，受到油墨剥离张力作用时，具有的抗掉粉、掉毛、起泡以及撕裂的性能，用纸张的拉毛速度来表示，单位是 m/s 或 cm/s。在高速印刷机或用高粘度的油墨印刷时，应选用表面强度大的纸张印刷，否则会出现纸张掉毛、掉粉的故障，从纸面上脱落下来的细小纤维、填料、涂料粒子，将印版上图象的网纹堵塞或堆积在橡皮布上，引起"糊版"并使印版的耐印力下降。

④纸张的含水量

指纸样在规定的烘干温度下，烘至恒重时，所减少的质量与原纸样质量之比，用百分率表示。一般纸张的含水量在 6% ~ 8% 之间，含水量过低，印刷过程中会发生静电吸附现象，导致输纸困难，印品背面蹭脏等故障。

为了减少纸张对水分的敏感程度，保持稳定的含水量，单张纸在印刷前，应在比印刷车间温度高 10 ~ 15℃，相对温度高 10% ~ 20% 的晾纸间或晾纸机中，吊晾 1 ~ 2 小时，再码放在和印刷车间温、湿度相同的纸台上，放置十几个小时。（纸张的理想含水量约为 5.5% ~ 6.0%。印刷车间的温度应控制在 18 ~ 24℃，相对湿度应在 60% ~ 65% 之间）。

⑤纸张的平滑度

指纸张表面凹凸不平的程度，使用贝克平滑度仪进行测试。一定体积的空气，通过纸张的时间（秒）越长，则平滑度越高。

采用表面较平滑的纸张进行印刷，印版或橡皮布上的油墨，能以较大的面积与其接触，从而在纸张上得到图文清晰、墨色饱满的印迹。对于带网点的印刷品，只有使用高平滑度的纸张，才能使画面的网点清晰、阶调丰富、色彩艳丽。

4）油墨

（1）油墨组成

油墨（Ink）是用于印刷的重要材料，是在印刷过程中被转移到承印物上的成像物质，能进行印刷并在被印刷物体上干燥，具有颜色与一定流动度的胶体。油墨是由作为分散相的颜

图 0-24　印刷油墨

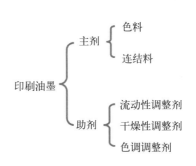

图 0-25　油墨组成

料和作为连续相的连结料组成的一种稳定的粗分散体系。其中颜料赋予油墨以颜色，连结料则提供油墨必要的传递性能和干燥性能。

①颜料

颜料是具有特定色彩性能及理化性能的物质，而颜料的这些性能对油墨的质量将产生重要的影响。颜料有无机颜料和有机颜料两种，其中有机颜料按分子的聚集状态分为色淀颜料、色原颜料、颜料型染料、偶氮颜料、碳菁颜料。有机颜料的色相齐全、色泽鲜艳、密度小、着色力强、一般比较透明等特性，是制造红色油墨、透明黄墨不可缺少的原料，公司用的射光蓝油墨也是有机颜料制造的，但价格较高。此外还有特殊颜料，比如铝粉（银墨）、铜粉（金墨）。颜料决定油墨的色相、透明度（遮盖力）、耐光性。

②连结料

油墨连结料，又称凡立水（Vehicle），是由高分子物质混溶制成的液态物质，在油墨中作为分散介质使用。是一种具有一定黏度的和流动度的液体，但不一定都是油质的。连结料赋予油墨流动能力，印刷能力，同时它又是一种成膜物质，所以连结料决定油墨干燥性和膜层品质。

③助剂

为了改善油墨的抗水性、流变性，增加油墨的固着能力，就需要在油墨中加入蜡质材料，用量过多影响油墨流动性、转移性、光泽等。此外还有干燥性调整剂（干燥促进剂、反干燥剂）、色度调整剂（冲淡剂、提色剂）、流动性调整剂（撤粘剂、稀释剂、增稠剂）、反胶化剂等，这些对于提高油墨的印刷适性也是非常重要的。

（2）油墨分类

油墨按印刷版型分类有：凸版油墨、平版油墨、凹版油墨、网孔版油墨、专用油墨、特种油墨。各种印刷方式中又按不同用途分成许多类型，例如专用油墨中有软管油墨、印铁油墨、玻璃油墨、喷涂油墨、复印油墨、号码机油墨等。特种印刷油墨中有发泡油墨、磁性油墨、荧光油墨、珠光油墨、导电油墨、金属粉油墨、防伪油墨等及其他供特殊用途油墨。

（3）油墨印刷性能

①色彩性能：油墨给印刷品以颜色，为了能更好地反映原稿、保护产品、宣传产品、防

止伪造等各种要求，油墨就要有好的着色力、遮盖力（透明度）等色彩性能，它是油墨最基本的性能，是选择油墨的标准，也是影响油墨印刷适性最重要的因素之一。

②流变特性：油墨的流变特性是对油墨在印刷机上及承印物表面行为的一种全方位的、深入的描述。油墨要通过墨斗、着墨辊、传墨辊、匀墨辊、橡皮布等一系列传递最后到纸张上，这就需要油墨有好的流动性和下墨性，否则下墨不良容易造成堵版、墨迹模糊等很多印刷问题。油墨要在纸张上通过挥发、渗透来干燥，因此油墨也要有好的流平性，否则墨膜会出现波纹或呈橘皮状、光泽度差，甚至有针孔等印刷事故。

③干燥性能：油墨转移到纸张上形成液态的膜层，膜层经过一系列的物理或化学变化而形成固态或准固态膜层的过程称为干燥过程，在这个过程中油墨表现的性能就是干燥性能，是影响复制效果的重要因素。不同的印刷方式，在不同的承印物上印刷对油墨的干燥性能要求也不相同，但目的都是要适应印刷，保证印品的色彩饱和度和墨层光泽度，以及后加工的时效性。

④耐光性：由于许多印刷品要长时间暴晒在日光下，所以油墨的耐光性能对保持印刷品的稳定性很重要。油墨的耐光性强弱主要取决于所使用的颜料，颜料在光的作用下发生化学反应或晶形转化则导致褪色。特别是短波光线——紫外光最强烈，因此印刷颜色要求严格而又需要过 UV 的货品，必须选用耐短波光照性能好的油墨印刷，比如公司生产天龙客户的某些货品。另外广告、招贴等用途的油墨也需要有这种性能。

⑤耐热性：有些油墨印刷时需要强制干燥（如印铁油墨、软管油墨、热固性油墨的加热烘干）或印刷品有其他用途需要加热时（UV、磨光），要求颜料必须能够承受高温而不变色。

⑥耐溶剂性：由于纸张本身有酸碱性（酸性强可使金墨变色），后加工 UV、过油、过胶时有大量溶剂，为保证在生产过程中不会对颜色产生影响，就要求油墨有一定的耐溶剂性。公司的短单、急单货品较多，有时在过油生产时会出现走色的现象，并有过退货，这除了与油料及油料配比等有关系，油墨本身的耐溶剂性也是不能忽视的。

⑦黏着性：印刷中油墨会在各个滚筒和版面间多次力分裂，对保证印品有好的光泽度，油墨本身要有抵抗这种分裂的能力，称为油墨的黏着性。不同类型、不同颜色的油墨黏着性不同，在多色印刷必须合理安排色序，否则会出现逆转印，即前一色油墨被后一色油墨拉起的现象。

⑧透明度：油墨的透明度就是指某种颜色对应该透射的光的透射程度，透明度越高越好。特别是多色印刷油墨的透明度要好，否则影响油墨光减色效果，从而导致复制出的彩色图文产生色偏，另外油墨透明度的好坏还影响多色印刷时的色序安排。

油墨还有明度、细度等很多性能，随着人们对印刷品的色彩要求越来越高，对印刷品防伪的重视以及环保的要求，使得油墨将在未来的印刷中备受重视。

5）印刷机械

印刷机械是用于生产印刷品的机器、设备的总称。它是现代印制中不可缺少的设备。

图 0-26　印刷机

因印版的结构不同，印刷过程的要求也不同，印刷机也按印版类型的不同分为：凸版印刷机、平版印刷机、凹版印印刷机、孔版印制机、特种印刷机等。每种印刷机又按印刷幅面、机械结构、印刷色数等分成各种型号，供不同用途的印刷使用。

（1）印刷机械组成

印刷机主要由输纸装置、输墨装置、印刷装置和收纸装置组成，平版印刷机还有输水装置。

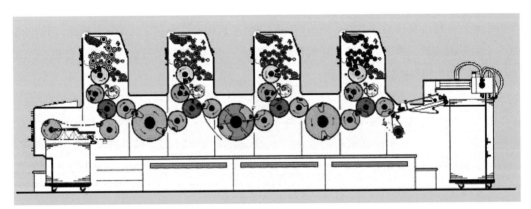

图 0-27　胶印机组成

①输纸系统：气缸带动吸纸嘴将纸张吸起，由咬纸牙咬住纸张传给输送皮带，输送到印刷部位。

②输墨系统：平印和凸印是将油墨放入墨斗中，通过墨辊打匀传递到印版上；凹印是将印版滚筒浸入墨槽中。

③印刷系统：由印版滚筒、压印滚筒及附属设备组成。

④传动系统：是印刷机的动力，一切墨辊、水辊转动，滚筒运动及纸张传输部分的控制。

⑤收纸系统：其作用是把已印刷完成的印张从压印滚筒上取走，传送到收纸台，由理纸机构把印刷品闯齐，堆叠成垛。

⑥干燥装置：为防止背面蹭脏，如热风式，红外线，紫外线干燥装置。

（2）印刷机械分类

印刷机械的多种多样，分类的方法也很多。

①按印刷方式分类

按印刷方式分类的话，可将印刷机械分为凸版印刷机、平版印刷机、凹版印刷机、孔版印刷机。

②按幅面分类

按印刷幅面分类的话，可将印刷机分为对开印刷机、四开印刷机、八开印刷机等。

③按印刷色数分类

按印刷色数分类的话，可将印刷机分为单色印刷机、双色印刷机、多色印刷机。

④按给纸形式分类

按给纸形式分类的话，可将印刷机分为卷筒纸印刷机、单张纸印刷机两种。

⑤按压印方式分类

按压印方式来分类的话，可将印刷机械分为平压平、圆压平、圆压圆三种。

平压平印刷机的装版机构和压印机构都是一个平面，在印刷中，由于两个平面要充分接触，所以需要较大的印刷压力，这样印刷出来的印刷品墨色重，线条、笔画饱满。圆压平印刷机装版机构是一个平面，而压印机构是一个圆形的滚筒，由于印版和压印机构是线接触，因此印刷速度较快，印刷压力比平压平印刷机要小些。这类印刷机主要用于凸版印刷机，而胶印中的机械打样机也属这类印刷机。圆压圆印刷机装版机构是一个圆形的滚筒，而压印机构也是一个圆形的滚筒，由于印版和压印机构是线接触，因此印刷速度最快，印刷压力最小，这类印刷机是现代印刷机的主流印刷机。

4. 现代印刷工艺流程

现代印刷工艺流程包括印前、印刷、印后三个环节。任何印刷品的复制，一般需要经过原稿的分析与设计、印前图文信息处理、制版、印刷、印后加工五个基本的步骤，也就是说，一件印刷品的完成，首先需要选择或设计出适合于印刷的原稿，然后利用对原稿上图文信息的处理，制作出供晒版的原版（软片、胶片、菲林），再用原版制出供印刷用的印刷印版，或直接通过计算机制版系统制备印版，最后把印版安装到印刷机上，利用印刷机械将油墨均匀地涂布在印的图文上，在印刷压力的作用下，使油墨转移到承印物上，完成以上工作之后，经过印后加工以实现不同使用目的的印刷品。

就目前的实际情况来看，已把原稿的分析与设计、图文信息的处理、制版这三个步骤统称为印前技术，把油墨转移到承印物上的过程称之为印刷技术，把经过印后加工以实现不同使用目的印刷品的过程称之为印后加工技术，所以说，印刷就是印前技术、印刷技术、印后加工三大工艺流程的总称。

印刷品的生产，一般要经过原稿的选择或设计、原版制作、印版晒制、印刷、印后加工等五个工艺过程（图0-28）。首先选择或设计适合印刷的原稿，然后对原稿的图文信息进行处理，制作出供晒版或雕刻印版的原版，再用原版制出供印刷用的印版，最后把印版安装在印刷机上，利用输墨系统将油墨涂敷在印版表面，由压力机械加压，油墨便从印版转移到承印物上，如此复制的大量印张，经印后加工，便成了适应各种使用目的的成品。现在，人们常常把原稿的设计、图文信息处理、制版统称为印前处理，而把印版上的油墨向承印物上转移的过程叫做印刷，这样一件印刷品的完成需要经过印前处理、印刷、印后加工等过程。

印刷业务流程包括：客户网上或热线咨询；专业业务人员上门沟通；签订印刷加工合同交预付款；前期图文设计；客户校对修改；客户定稿鉴字；上机印刷；后期加工；成品检验；成品包装运输上门。

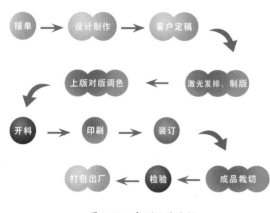

图0-28　印刷工艺流程

项目一　印刷色彩

项目任务

1）熟悉色彩基础知识；

2）掌握颜色呈色原理；

3）掌握印刷颜色分解与合成。

重点与难点

1）颜色呈色原理；

2）印刷颜色分解与合成。

建议学时

6 学时。

1.1　印刷色彩基础知识

1.1.1　色彩的形成

颜色是光作用于人眼后引起的除形象以外的视觉特性。任何色彩的形成都需要有光、物体、人的眼睛和大脑四大要素，如图 1-1 所示。

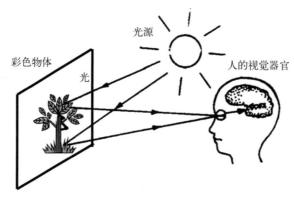

图 1-1　色彩的产生

光能引起视觉的电磁波，其波长范围在 380 ~ 780nm 之间，波长在 780nm 以上到 1000nm 左右的电磁波为"红外线"，在 780nm 以下到 40nm 左右的称为"紫外线"。红外线和紫外线不能引起视觉，但可以用光学仪器或摄影来观察发射这种光线的物体。含多种波长的光经过色散系统分光后,按波长的长短依序排列的图案为光谱。如太阳光经过三棱镜后形成按红、橙、黄、绿、青、蓝、紫次序连续分布的彩色光谱，是人眼所能感觉的可见光谱，如图 1-2 所示。

只有在光的照射下，人们才能感知物体的形态与颜色，没有光就没有颜色，光是人们感知色彩的必要条件，色来源于光。简言之，光是色的源泉，色是光的表现。

光照射到物体上，会产生吸收、反射、透射、散射、折射、干涉和衍射等物理现象；物体呈色方式很多，有吸收成色、色散成色、干涉成色、荧光成色等。通常物体是以吸收成色。彩色物体是色彩产生的物理基础，物体具有选择吸收光的特性是呈色的关键。

眼是视觉器官，由眼球和辅助器官所组成。视觉是整个视分析器活动的结果。视觉在对

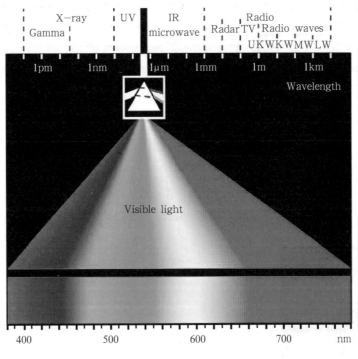

图 1-2　可见光谱

物体空间属性如大小、远近等的区分上，起着重要的作用。

一定波长的红（R）、绿（G）、蓝（B）三种光波不能再分解成其他色光，若做一系列的色光混合实验，发现选择"适当"的红、绿、蓝光进行组合，可以模拟出自然界的各种颜色。故称红、绿、蓝三原色为色光的原色。

1.1.2　色彩的分类

根据物体对光的吸收情况，颜色可分为两大类：无彩色和有彩色。

无彩色又称消色，是指从白到黑的一系列灰色。白、灰、黑等无彩色物体对白光中的各单色光无选择性，只是均等吸收。

图 1-3　消色

彩色，是指无彩色以外的各种颜色。彩色物体对白光中的各单色光具有选择性地吸收，吸收程度也不同。

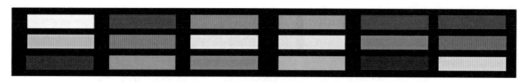

图 1-4   彩色

1.1.3   色彩的三属性

色彩的三属性是色相、明度、饱和度。

1. 色相

色相是指色彩所呈现出来的质的面貌，如日光通过三棱镜分解出来的红、橙、黄、绿、青、紫六种色相。色相是产生色与色之间关系的主要因素，是色彩的基本特征。

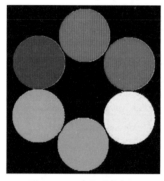

图 1-5   六色印刷色相环

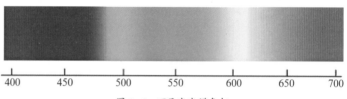

图 1-6   可见光光谱色相

从人的颜色视觉生理角度认识色相：是指人眼的三种感色锥体细胞受不同刺激后引起的不同颜色感觉。因此，色相是表明不同波长的光刺激所引起的不同颜色心理反应。

2. 明度

明度表示颜色深浅明暗的特征量，是非彩色最突出的特征。明度则是颜色的亮度在人们视觉上的反映，是色彩感觉的一种特征。色彩越近于白色，色觉就越明亮；越近于黑色，色觉则越暗淡。色觉的明暗决定于色彩刺激表面发射或反射出的光的强度。色彩本身因受光强弱不同而产生明暗差别，同一颜料若增加白色成分，会使亮度增加；增加黑色或灰色的成分，则会使亮度减小。

图 1-7   非彩色明度示意图

图 1-8   同色相明度示意图

明度 0　　　　　　　　　　　　　　　　　　　　　　　　　　　　明度 100

图 1-9　明度变化

3. 饱和度

饱和度又叫"彩度"或"纯度"，是指反射或透射光接近光谱色的程度，指颜色的纯洁性，是人对色彩感觉的另一种特征，可见光谱的各种单色光是最饱和的颜色，当光谱色掺入的白光成分越多时，就越不饱和。一定亮度的色彩距同样亮度的灰色越远，就越饱和；反之则越不饱和。色彩的饱和度主要决定于光的纯度。单色光的饱和度最高，复色光的饱和度较低。再如正红色为最高饱和度，浅红和深红色的饱和度则较低。光谱色的饱和度最高，消色的饱和度为 0。

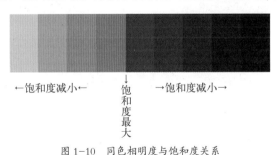

←饱和度减小←　　↓饱和度最大　　→饱和度减小→

图 1-10　同色相明度与饱和度关系

饱和度为 0　　　　　　　　　　　　　　　　　　　　　饱和度 100

图 1-11　饱和度变化

1.2　颜色的呈色原理

1.2.1　色光加色法

用红光、绿光、蓝光可以合成为其他色光，而它们中的任一颜色却不能用另外的两色光混合而成，故称红光（R）、绿光（G）、蓝光（B）为三原色光。

色光混合规律：

两原色等量混合规律：红 + 绿 = 黄　　　绿 + 蓝 = 青　　　红 + 蓝 = 品红

$$R+G=Y \qquad G+B=C \qquad B+R=M$$

三原色等量混合规律：红 + 绿 + 蓝 = 白

$$R+G+B=W（白光）$$

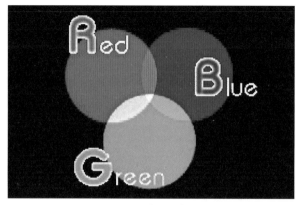

图 1-12　色光加色法

凡是两种色光相加呈现白光时，这两种色光称为互补色。

红 + 青 = 红 +（绿 + 蓝）= 白　　　　　$R+C=R+（G+B）=W$

绿 + 品红 = 绿 +（红 + 蓝）= 白　　　　$G+M=G+（R+B）=W$

蓝 + 黄 = 蓝 +（红 + 绿）= 白　　　　　$B+Y=B+（R+G）=W$

1.2.2　色料减色法

色料三原色是青（C）、品红（M）、黄（Y）。这三种色料是混合产生其他色料的主要成分，而这三种色料本身是独立的，即其中任何一种色料都不能由其余两种色料混合产生，并且由这三种色料可以合成成千上万种颜色，所以将 C、M、Y 称为色料三原色。

白光是复色光，如果让白光通过某种色料，则色料吸收白光中的部分色光，透射或反射剩余部分的色光，称之为色料减色法。色料的颜色由透过或反射的光决定，被吸收的是其补色光。

印刷色彩由 CMYK（青、品红、黄、黑）四色油墨产生，其不同于电子图像的 RGB 三原色。利用减色法，混合三色最后会得到黑色（BK）。

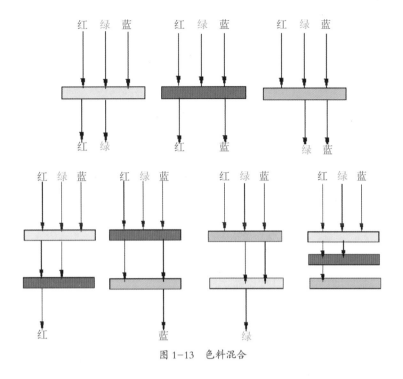

图 1-13　色料混合

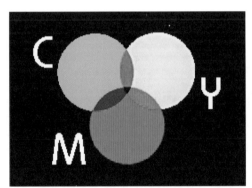
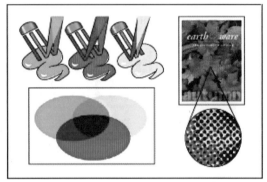

图 1-14　色料减色法

色料混合规律：

两原色等量混合规律：青 + 黄 = 绿　　　　品红 + 黄 = 红　　　　品红 + 青 = 蓝

　　　　　　　　　　　C+Y=G　　　　　　　M+Y=R　　　　　　　M+C=B

三原色等量混合规律：黄 + 品红 + 青 = 黑

　　　　　　　　　　　Y+M+C=BK

亮度相减规律：色料混合时，混合色数越多，颜色的亮度越小，三原色 C、M、Y 同时混合，那么白光中所包含的色光 R、G、B 分别被 C、M、Y 所吸收，没有剩余的光可反射，也即变为黑色。

黄 + 品红 + 青 = 白 – 蓝 – 绿 – 红 = 黑　　　　　Y+M+C=W–B–G–R=BK

| 色光加色法与色料减色法的区别 | | 表 1-1 |

项目	加色混合法	减色混合法
原色	R、G、B	C、M、Y
色彩变化	R+G=Y R+B=M G+B=C R+G+B=W	M+Y=R M+C=B Y+C=G Y+M+C=BK
色的合成本质	色光混合后，光能量增加	色料混合后，光能量减少
混合后色彩变化	色彩更加鲜艳	色彩更暗淡
混合方式	色光连续混合	透明层叠合，颜料混合
用途	显示器，扫描仪，彩电	彩印，彩色摄影，颜料混合

1.3　颜色的分解与合成

彩色图像原稿的颜色要再现在印刷品上，必须先经过颜色的分解（分色），再进行颜色的合成（印刷）。

1.3.1　颜色的分解

使原稿组合的色彩进行分解，分别制成色料三原色印版，即用色光三原色滤色镜将彩色原稿分解为青、品红、黄三色版，称为颜色分解。分色的主要工具是滤色镜，它具有选择性吸收光线的能力，即能透过本身颜色而吸收另外两种色光。

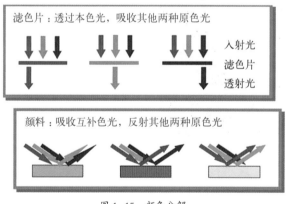

图 1-15　颜色分解

颜色分解的原理：利用红、绿、蓝三种滤色片对不同波长的色光所具有的选择性透过特性，将原稿上的颜色分解为红、绿、蓝三路信号记录下来，根据进一步的计算，确定控制再现原稿中红、绿、蓝三原色光比例所需的黄、品、青三种油墨的比例，输出分色胶片，再经过晒版制成印版。

1.3.2　颜色的合成

对分解后的色料三原色版，用三原色油墨转印到对应颜色的印版上，再在纸张逐次叠合再现原稿色彩。

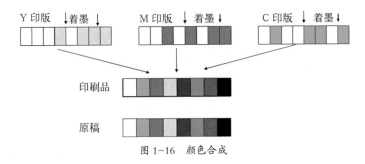

图 1-16　颜色合成

1.3.3　彩色印刷的成色机理

印刷时，是由 Y、M、C 三色网点通过叠印再现原稿彩色。

网点套印在彩色合成时有两种情况：叠合与并列。

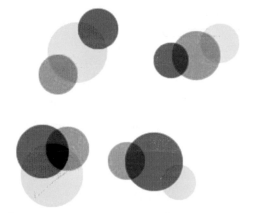

图 1-17　彩色印刷成色机理

1. 网点的叠合

油墨具有一定的透明性，光线进入油墨层与光线穿过滤色片的效果相同，各色网点的叠合相当于滤色片的叠合，属于减色效应。不过当光线投射到承印物上，还要反射回来，再反射的过程中墨层对光线还将产生二次滤色。

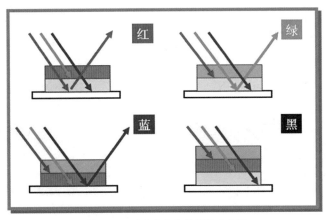

图 1-18　网点叠合合成颜色示意图

油墨吸收色光的多少与色料的浓度、透明度、墨层厚度、叠印顺序有关，所以会产生偏色。通过网点叠合可以再现各种颜色，并遵循色料的减色混合原理。当品红色的网点叠合在黄网点上面时，白光先照射到品红色网点上，白光中的绿光被吸收，红光、蓝光透射到黄网点上，蓝光被黄网点吸收，透过品红网点照射到白，再从纸面上反射出来的只有红光，人眼看到的红色。同样道理，品红和青网点叠合，人眼看到的是蓝色；青网点和黄网点叠合看到的是绿色。黄、品红、青三色网点叠合在一起时，白光中的蓝、绿、红光均被吸收，人眼看到的是黑色。

网点叠合再现颜色的方式，受到油墨透明度的影响，透明度低的油墨呈色效果不好，完全不透明的油墨只能作为第一色印刷。

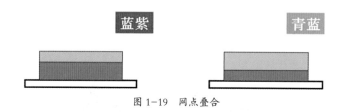

图1-19   网点叠合

前提是三原色油墨都具有一定透明度。如黄色网点叠印于品红网点上，白光照射到黄色层，黄色吸收白光中它的补色光——蓝光，剩余的红光和绿光到达品红层，品红层再吸收它的补色光——绿光，最后只有红光到达纸面反射出来，所以品红和黄叠合会形成红色。同理，黄、青网点叠合形成绿色；红、青网点叠合会形成蓝色；品红、青、黄网点叠合呈现黑色。

彩色印刷品的暗调部分，黄、品红、青、黑各块印版和原稿暗调相对应部位的网点率都比较大，网点密集，因而印刷品暗调部分的网点大都处于叠合状态。

2. 网点的并列

由于印刷网点很小，而且距离很近，在正常视觉距离下网点对眼睛所组成的视角小于1°，所以并列网点的呈色属于加色法呈色。彩色印刷品的亮调部分在黄、品红、青、黑各块印版和原稿亮调相对应部位的网点覆盖率都比较小，网点分布稀疏，因而印刷品亮调部分的网点大多处于并列状态。图1-20是网点并列的颜色合成图。

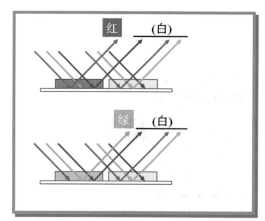
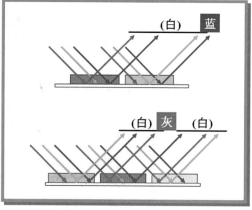

图1-20   网点并列合成颜色示意图

当黄网点和品红网点并列时，白光照射到黄网点上，黄网点吸收蓝光，反射出红光和绿光；白光照射到品红网点上，品红网点吸收绿光，反射出红光和蓝光。四种色光在空间进行混合，按照色光加色法，红光、绿光、蓝光混合成白光，而余下的为红光。若两个网点的距离很小，彼此十分靠近，人眼看到的是红色。同样道理，品红和青网点并列，人眼看到蓝色；青网点和黄网点并列，人眼看到绿色。

两个网点并列时，产生的颜色，偏色于大网点的一方，如图 1-21 所示，大的黄网点和小的品红网点并时，产生的颜色偏黄色。

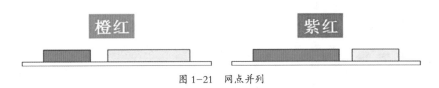

图 1-21　网点并列

黄、品红、青三个网点并列时，由于油墨吸收了部分色光，纸张对色光也有不同的吸收，不能 100％的反射色光，当网点间距离很小时，人眼看到的是灰色。

印刷品的中间调部分，层次丰富，颜色合成的方式有网点并列又有网点叠合。根据网点并列和网点叠合再现颜色的原理可以知道，油墨吸收色光的多少、墨层薄厚、油墨的色浓度、印刷的顺序，均会影响颜色再现的效果。

1.4　印刷网点

1.4.1　印刷网点概念

在印刷过程中，对于连续调图像必须通过加网的方式转变成网目调图像才能完成印刷。这是因为在传统的模拟印刷中，印刷过程的实现都必须要有印版的存在，而印版上永远只有两个元素——图文部分和非图文部分（也称空白部分）。如果印版上的两个元素没有任何微观上的变化，那么通过该印版印刷出来的印刷品只有两个层次——黑与白，颜色也只能表现出两种——黑色与白色（单色黑墨印刷时，如果是四色印刷颜色最多也只有 8 种，这样就无法表现出原稿上丰富的阶调层和色彩。如果能将印版上的图文部分分割成无数面积大小不同的

图 1-22　印刷网点

小点，不同面积大小的点着墨后，着墨的多少也就不同，在视觉效果上也就表现出了不同的阶调层次。同样，着墨的多少，也反映出了色彩的千变万化。这些小点在印刷上称之为网点，所以印刷上一定要采用网点来印刷。

1.4.2 印刷网点分类

目前在印刷工艺中使用的网点主要有两种不同的类型：调幅网点（AM）和调频网点（FM）。

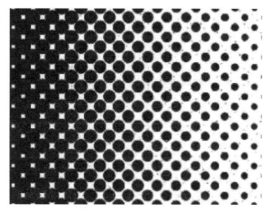

图 1-23 调幅网点

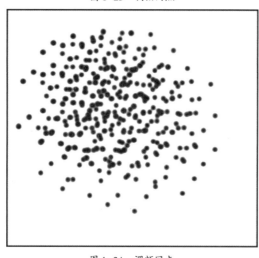

图 1-24 调频网点

1. 调幅网点（AM）

调幅网点是目前使用的最为广泛的一种网点。它的网点密度是固定的，通过调整网点的大小来表现色彩的深浅，从而实现了色调的过渡。在印刷中，调幅网点的使用主要需要考虑网点大小、网点形状、网点角度、加网线数等因素。

2. 调频网点（FM）

调频网点的网点大小是固定的，它是通过控制网点的密集程度来实现阶调。亮调部分的网点稀疏，暗调部分的网点密集。

调频网与调幅网相比有以下一些优点：

（1）由网点随机分布，叠印后不会出现龟纹；

（2）由于网点等大，在印刷时其中间调不会因网点扩大值大而导致阶调跳变；

（3）细部清晰度效果好，图像上一些细线不会因加网而形成折射或产生毛刺；

（4）能表现细腻层次，适合高精细印刷的需要；

（5）印版上网点呈针点细微化，因此润版液也细微散化，使胶印作业易稳定；

（6）极微小点全面分散，使印张和橡皮布易分离，减小了印张的背面蹭脏；

（7）点子越小，表达层次越丰富。

调频加网目前还存在一些问题：

（1）图像输出后不能进行修版；

（2）进行拷贝时有一定困难；

（3）不能使用分辨率很低的网点，否则会产生锯齿；

（4）当图像无规矩线时，套印非常困难，因图像边缘轮廓有时并不清晰；

（5）耐印率低。

针对这些问题，有人则提出了同时应用调频加网和调幅加网的多重加网图像复制技术。这种多重加网是为了解决传统调幅加网印刷适性好但易出现"龟纹"，而新兴调频加网不出现"龟纹"但印刷适性较难掌握之间的矛盾而产生的一种加网方式，用计算机处理在同一图像不同区域采用不同加网方式，如在中间调易出现"龟纹"区采用调频加网，在高光和暗调区则采用调幅加网，这样各取其长，各避其短，这种加网方式也将被推广。

1.4.3　网点属性

1. 网点（面积）覆盖率（网点百分比）

网点面积覆盖率是指单位面积内着墨的面积率，表现图像的颜色深浅。例如在单位面积内着墨率为 50%，则我们称之为 50% 的网点，或称为五成点。

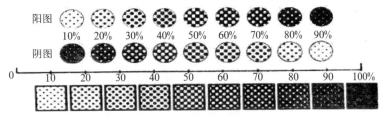

图 1-25　网点面积覆盖率

印刷品上面积越大的点子，吸附的油墨面积越大，这样其反射的光线少，被吸收的光线就多，反应出来的密度值就越大，就越暗。印刷品上面积越小的点子，吸附的油墨面积越小，这样其反射的光线多，被吸收的光线就少，反应出来的密度值就越小，就越亮。原稿亮部，底片上网点小，周围空白面积大，显得亮。原稿暗部，底片上网点大，周围空白面积小，显得暗。

2. 加网线数

单位长度内排列的网点个数，叫做网点线数。加网线数高，图像细微层次表达越精细。加网线数低，图像细微层次表达较粗糙。加网线数常用单位是：线 / 英寸（lpi），线 / 厘米。

图 1-26　加网线数由高到低

加网线数的大小决定了图像的精细程度，类似于分辨率。常见的线数应用如下：

100 ~ 120lpi：低品质印刷，远距离观看的海报、招贴等面积比较大的印刷品，一般使用新闻纸、胶版纸来印刷，有时也使用低定量的亚粉纸和铜版纸印刷；

150lpi：普通四色印刷一般都采用此精度，各类纸张都有；

175 ~ 200lpi：精美画册、画报等，多数使用铜版纸印刷；

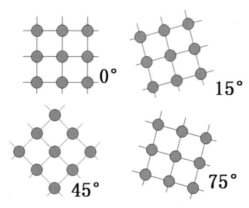

图 1-27　常见加网角度

250 ～ 300 lpi：最高要求的画册等，多数用高级铜版纸和特种纸印刷。

3. 网线角度

相邻网点中心连线与基准线的夹角叫做网线角度。基准线可以是水平线，也可以是垂直线。常用的网角度为 0°、15°、45°、75°。常用的网线角度如图 1-27 所示。

4. 网点形状

常用的网点形状有方形、圆形、椭圆形、菱形等，如图 1-28 所示。此外，在印刷复制中，为达到某种特殊的艺术效果，可以使用一些特殊形状的网点。

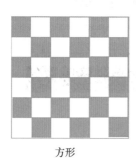
方形

圆形

菱形

图 1-28　网点形状

项目小结

本项目主要介绍印刷色彩的基础内容，包括色彩形成、色彩分类、色彩三属性，颜色的成色原理，印刷色彩的分解与合成、印刷网点等内容。

课后练习

1）色彩三属性是什么？

2）分析色光加色法和色料减色法区别。

3）印刷颜色的分解与合成过程是怎样的？

项目二　数字印前工艺

项目任务

1）熟悉印前工艺设计；

2）熟悉版面设计；

3）掌握印前输入；

4）掌握印前图文处理；

5）掌握印前输出。

重点与难点

1）印前图文处理；

2）印前输出。

建议学时

8学时。

印前（prepress）是指印刷之前的各工序，包括图文输入、图文处理和图文输出。如图 2-1 所示。

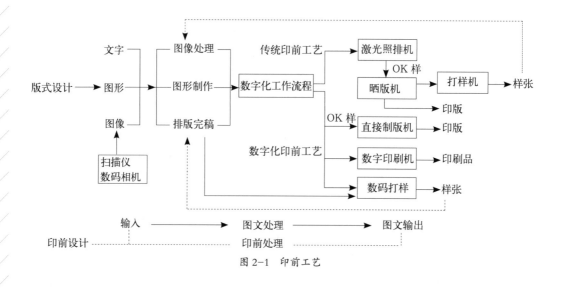

图 2-1　印前工艺

2.1　印前工艺设计

2.1.1　明确客户要求

在设计制作一个作品之前，首先要通过沟通来了解客户的设计意图，检查客户提供的原文件，根据客户设计意图，处理原文件、搜集素材、设计构思，之后进入制作环节。

拿到一个设计任务之后，首先要做的是了解客户的设计意图及需求，包括所要表达的主题、设计风格、基本色调、成品开本尺寸、所用纸张、可采纳的加工工艺等，如需装订成册，还要了解大概的页数和装订方式。

客户设计的是什么产品。客户要做的是杂志、报纸、包装、海报还是其他什么产品,有什么质量品质要求。只有明确了解相关内容,才能为制订全套工艺打下基础。例如,设计制作一个产品包装,对颜色还原的要求很高,特别对商标、徽标的颜色要求十分严格,并且精度要求很高,从而在制作工艺上对设备精度、操作精度的要求也很高;而有些颜色的还原还必须考虑用专色。又如设计制作一本杂志,杂志封面的彩色页和杂志内芯的黑白页在输出时的输出线数是不同的,因而在扫描图像分辨率以及输出线数方面有明显的不同。杂志内芯扫描分辨率可以低些,这样扫描及校正时间则可以短些,而存储时所占空间也小些。

1)表达主题:设计要符合客户的行业特点及印刷品的用途。

行业:例如,工业、电子产业、餐饮业、文化产业、商业、消费行业等;

用途:例如,宣传、庆典、发行、广告、包装等。

2)设计风格:简约、时尚、古朴、喜庆等。

3)基本色调:如果客户有指定的基本色调,最好在此基础上开展设计,这样会比较容易被采纳。如果客户并没有这种要求,让设计师自己确定,那么,设计师可以根据印刷品要表达的主题和设计风格来确定色调。一般情况下,工业、电子产业常用蓝色调;环保主题以绿色调居多;餐饮业、庆典应用暖色调;文化产业或古朴风格采用偏灰的色调(即纯色中加入少量相反色);商业、时尚类用色可大胆一些。

4)幅面大小和装订方式。包装及海报不涉及装订问题,只需知道幅面大小即可,而杂志、画册则必须明了页码及装订方式。这些对后面拼大版时如何排版的方式有直接的影响。举一个简单例子,一个杂志四页彩色封面,为考虑后面的拼版则应分两个8开的页面设计,封一和封四设计在一起,封二和封三设计在一起。虽然也可以单独制作封一至封四,然后拼版,但在拼版时由于牵涉到出血问题,对版面内容还得做部分修改,较为麻烦。进一步考虑,若装订是骑马订,则封一与封四之间不必做脊背,如是平订,则应在封一、封四及封二、封三之间做一个书脊宽度。

开本尺寸:常用32开、16开、8开、4开、对开,以及一些小尺寸、超大尺寸和特殊开本。尺寸设定的原则是:尽量符合开本尺寸;计算在一个正规开本内,可以拼多少单个小尺寸(如工作证、入场券等),需要加出血的文件,要把出血尺寸计算在内;如需特殊开本,可在正规的开本尺寸的基础上减小,或者根据印刷纸张尺寸和折手来计算。正度16开尺寸为185mm×260mm,大16开为210mm×285mm。

装订方式:骑马订、胶订。胶订又分为无线胶订和锁线胶订。胶订书籍在排版时,要注意粘口与版心的距离,以确保书籍展开后中缝位置的图文可见。

5)纸张:纸张分为胶版纸、铜版纸、特种纸。纸张有不同的克重,克数越高纸张越厚。常用的为70、80、105、128、157、200、250、300、350(g/m^2)。封面、高档画册、卡片、包装盒、单页等用克数较高的纸;图书和杂志内文、优惠券、票据等用较低克重的纸。

6)加工工艺:经常采用的有印金、印银、烫金、烫银、专色、UV、起凸(压凹)、复膜(亮膜、亚光膜)、过油、模切(闷切)、插特种纸、插页、加勒口、加护封、精装、线装等。

7)排版页数:页数要符合折手。通常以4、8的倍数来计算,如果页数不合适,装订时会出现问题。页数的表示方法为：一个 16 开页面为 1P，四个就是 4P。如：一本 16 开宣传册，四封（封一、二、三、四）为 4P，内页可做成 4P、8P、16P、32P 等。

8）印刷数量。印刷数量似乎和设计制作没什么关系，但是在拼大版的时候，考虑出菲林和印刷两方面的费用的多少，谁更节约成本，就应知晓印刷数量。例如，客户交来的是一本杂志的四个彩色封面，最后拼 4 开出菲林，还是拼对开版出菲林，就要考虑印刷的数量，如印数少，则出 4 开为好；如印数大，则出对开版菲林为好。

明确客户交付资料的用途。客户交来的不外乎照片、文字、徽标、商标等资料，对这些资料的意义应全面了解，并归类。

2.1.2　制订总体工艺方案

明确了客户的意图后，制作前应制订一个总体工艺方案：使用什么软件来进行页面设计；各种版面要素用什么方式来实现；排版时页码安排；有书脊与否；是否用专色；开本尺寸的确定；哪些要素应该套印或叠印；如何利用版面相同的内容快速地复制等。另外要具体分析设计的各个元素应在什么软件中完成，先做什么，后做什么，如何将它们整合在一起。

2.2　版面设计

版面设计，又称为版式设计，是平面设计中的一大分支，主要指运用造型要素及形式原理，对版面内的文字字体、图像图形、线条、表格、色块等要素，按照一定的要求进行编排，并以视觉方式艺术地表达出来，并通过对这些要素的编排，使观看者直觉地感受到某些要传递的意思。版面设计用于现代广告、招贴、书籍等文化和商业产品，为媒体传播功能提供了不可取代的附加值。版面设计的目的就是对各类内容的版面格式实施艺术化或秩序化的编排和处理。版面设计的价值不能单纯地以美术创作的概念来判定，而是要以信息传递的效率来评判。

版面设计的三大要素是：图片、文字、色彩。

2.2.1　图片

图片分为图像和图形两大类。

图像又称为点阵图像、位图图像，是由许许多多的点组成的，这些点我们称之为像素。这些不同颜色的点按一定次序进行排列，就组成了色彩斑斓的图像。当把位图图像放大到一定程度显示，在计算机屏幕上就可以看到一个个的小色块，这些小色块就是组成图像的像素，位图图像就是通过记录下每个点（像素）的位置和颜色信息来保存图像，因此图像的像素越多，每个像素的颜色信息越多，该图像文件也就越大。位图图像与分辨率有关，当位图图像在屏幕上以较大的放大倍数显示，或以过低的分辨率打印时，大家就会看见锯齿状的图像边缘。因此，在制作和处理位图图像之前，应首先根据输出的要求，调整好图像的分辨率，制作和处理位图图像的软件有：Adobe PhotoShop、Painter 等。

图形又称为矢量图，内容以线条和色块为主，由于其线条的形状、位置、曲率和粗细都

图 2-2　图像

图 2-3　图形

是通过数学公式进行描述和记录，因而矢量图形与分辨率无关，能以任意大小进行输出，不会遗漏细节或降低清晰度，更不会出现锯齿状的边缘现象。而且图像文件所占的磁盘空间也很少，非常适合网络传输。矢量图形在标志设计、插图设计以及工程绘图上占有很大优势，制作和处理矢量图形的软件有 IIIustrator、CorelDraw、FreeHand、AutoCAD 等。

2.2.2　文字

文字是一种具体的视觉传达要素，可以通过改变其字体、字号等达到不同效果。

1）字体

字体是指文字的风格式样，在印刷中常用的字体有宋体、黑体、楷体、仿宋体四种，如表 2-1 所示：

常用印刷字体　　　　　　　　　　　　　　　　　　　　　　表 2-1

宋体	楷体	黑体	仿宋体
印刷	印刷	印刷	印刷

2）字号

通常用号数制、点数制来表示文字大小。

号数制是将一定尺寸大小的字形按号排列，号数越大，文字越小，常见正文字号是五号。

点数又叫磅数制，是英文 point 的音译，缩写为 p，又称"磅"。

常用字体号数与点数列表　　　　　　　　　　　　　　　　　表 2-2

字号	磅数	主要用途	字号	磅数	主要用途
六号	7.87	用于角标、版权、注文等	四号	13.75	标题、公文正文
小五	9	注文、报刊正文	三号	15.75	标题、公文正文
五号	10.5	正文	二号	21	标题
小四	12	标题、正文	一号	27.5	标题

3）文字样式

文字样式是指文字的外形，对文字起到修饰作用，包括"正常"、"粗体"、"斜体"、"下划线字体"、"删除线字体"等，如表 2-3 所示。

文字样式　　　　　　　　　　　　　　　表 2-3

正常	粗体	斜体	下划线字体	删除线字体
印刷	**印刷**	*印刷*	<u>印刷</u>	~~印刷~~

4）文字应用注意事项

印前平面设计中，选择美观的字体对设计的效果能产生事半功倍的效果，但在字库选择上要尽量避免比较不常见的字库，而最好采用常用字库字体，如方正、文鼎、汉仪字库等。如果在设计中必须要用到某种字库字体，但这种字体在常用字库字体中没有，则在完成设计之前，在矢量图处理软件 CorelDRAW 和 Illustrator 中要先将文字转换为曲线（outline）方式，避免因输出中心无此种字体而无法输出的问题。如在作品中有补字文件，必须将补字文件一并拷贝。

在基于矢量图的软件中进行文字排版时，经常需要将某些文字突出处理，当设计人员直接采用软件提供的文本加粗选项后，将会出现屏幕"所见"和印刷"所得"不相符的问题，即在屏幕上显示时，文字是加粗的，但印刷效果完全不一样，屏幕显示加粗的文字形成叠影或发糊，特别是文字字号特别小时。针对文字需要加粗的情况，设计人员在保证版面基本不变的情况下最好选择粗体文字。

2.2.3　色彩

色彩给人视觉上造成的冲击力是最为直接与迅速的。由于对色彩的爱好是人类最本能、最普遍的美感，它对观者的影响便是最为直接的。

1）色彩的选择与取舍

各种色彩都意味着其特定的语言，包含一定的象征意义。通过色彩的刺激，引起情感变化，它往往同观念、情绪、想象与意境等联系，形成一种特定的知觉，这便是色彩心理。

（1）色彩心理的认识

色彩的象征意义具有世界性。尽管由于民族、地域、宗教、信仰的不同有一定差异，但其表达的色彩心理给人的感觉是共通的。如：黑色是明度最低的非彩色。象征力量与庄严、神秘与时髦；另一方面又意味罪恶与冷漠、黑暗与恐惧。是版面设计中运用最广的色彩。白色表示纯粹与洁白。象征朴素、纯洁与高雅。作为非彩色，与其他色构成明快的对比调和关系。红色是火与血的颜色，最引人注目。象征热情、朝气、喜庆、幸福，另一方面又象征危险、俗艳等。在色彩的配合中常起到对比调和的作用，是警觉点缀之色。

（2）色彩表现的形式

色彩能增强版面的感染力，更能刺激人的视觉神经，加强艺术魅力。根据色彩的语言特征，版面设计中色彩的构成往往有三种表现形式：

直接表现：根据版面中对象随类赋彩，成为版面中主色，是版面设计中最基本的表现形式。

间接表现：是创造信息的某种情调，运用色彩心理，以色彩的象征语言渲染气氛、给人联想。是一种写意手法的表现，可使版面给人遐想的空间，增强传递效果。

色彩的强化：在版面中以最强烈、最刺激的色彩构成画面，以提高色彩的知觉度，迅速吸引读者的视线。

2）色彩的创意与强调

色彩作为版面的设计要素之一，其视觉传递的作用在创意中往往得到加强。

（1）整体色调：色调是由配色的色相、明度、纯度和面积关系决定的。

（2）点缀色：在同质的色中，加上局部不同质的色，形成视觉重点。

（3）虚实的衬托：以图像中某主色或近似色作为版面中的主要色块，以含混的虚色烘托和加强主题图像，从而增强版面的立体性。

（4）抽象意念：色彩可以传达意念，即使是复杂抽象的信息，将色彩符号化能使信息更易理解和阅读。

（5）黑白灰的创意：塑造版面明快、大方、理性的内涵。黑白灰尽管是非彩色系，但通过加强创意，同样能创造版面的独特个性。

2.3　印前图文输入

印前图文输入是指将图像、文字等信息输入至计算机，这是印前制作的第一步。

2.3.1　文字输入

文字输入就是将文字录入计算机，目前主要文字输入法有拼音输入法、五笔字型输入法、智能 ABC 输入法、搜狗拼音输入法等。

2.3.2　数字化图像输入

常用的图像数字化输入方法有扫描仪输入和数码相机拍摄输入。

图 2-4　平台式扫描仪

1）扫描仪

扫描仪（scanner）是利用光电技术和数字处理技术，以扫描方式将图形或图像信息转换为数字信号的装置。扫描仪通常被用于计算机外部仪器设备，通过捕获图像并将之转换成计算机可以显示、编辑、存储和输出的数字化输入设备。

扫描仪按结构分为平台式扫描仪（图 2-4）和滚筒式扫描仪（图 2-5）。

图 2-5　滚筒式扫描仪

扫描操作步骤主要分为：放置原稿、预扫、参数设置、正式扫描。

扫描仪的操作过程如下，首先扫描仪要与事先安装了扫描软件的控制计算机正确连接。然后将待扫描的原稿按照要求放置在扫描仪的原稿安放在玻璃上。最后打开扫描软件，进行扫描参数的设置，通常设置的扫描参数有：

（1）扫描的色彩模式设置。根据需要获得数字图像的色彩模式进行设置，如灰度图像、RGB 彩色图像、黑白线条图像。

（2）扫描分辨率的设置。扫描时选用的分辨率直接影响数字图像的质量，扫描仪的分辨率以每英寸扫描的像素点表示，单位是 dpi（dot per inch）。理论上讲，对于印刷输出的图像，一般应保证扫描图像的分辨率达到 300dpi 以上，而对于打印输出的图像，分辨率达到 150dpi 即能满足需求。

（3）预扫描。参数设置之后，即可对扫描图像进行预扫描，预扫描获得的图像即时显示在计算机显示屏上。预扫描使用低分辨率对图像进行快速扫描，通过预扫描图像可以准确地确定扫描区域范围，对预扫描的图像效果进行分析，还可以更正扫描参数的设置，以便正确地进行扫描。

图 2-6   数码相机

（4）扫描及存储图像文件。正式扫描之后的图像显示在计算机的显示屏上，如果满意，可以选择合适的路径将其存储。

2）数码相机

数码相机用于捕获立体的、远距离的瞬间动态图像。数码相机也使用 CCD 成像，但是其计算解像率的方法不同于扫描仪，它是以拍摄的整幅画面像素点的多少表示解像率，如 300 万像素解像率或 500 万像素解像率。对于印刷输出的图像，一般应使用解像率为 300 万像素以上的数码相机拍摄图片。

2.4   印前图文处理制作

印前图文处理制作的具体任务是按照印前版式设计及印刷工艺要求，完成图像调整、图形创意、图文排版和完稿等工作。

数字印前图文制作处理以 PhotoShop 图像处理软件和 Illustrator 图形处理软件为主。Photoshop 软件是印前处理的主要软件，可以用于色彩管理并进行颜色设置，设置工作空间和色彩管理方案，也可以用于改变图像色彩模式便于印刷输出。Photoshop 是一个功能丰富、性能强大的软件，可以根据需要对图像进行处理。例如:改变色阶、调整明度饱和度、色彩平衡、亮度饱和度等。该软件自带了很多预设的滤镜特效功能，可以灵活应用于图像处理中，使图像最终成为客户满意的用于印刷前的数字信息。

Illustrator 图形处理软件和 Photoshop 有很大相似之处，最大的区别在于 Illustrator 自身所绘出大的图像是矢量图像。图像在放大过程中仍然会保持边缘平滑，而且该软件也可用于排版。一般用于大版输出的需要制作小页面后再进行拼版组合成大版进行输出。制作小页面多使用排版软件，例如：Indesign 是一种专门用于排版操作的软件。Indesign 排版软件也和上述两软件有相似之处，同属于 Adobe 系列的软件。排版软件可将之前录入保存的文字信息以及图形和图像直接在其中进行混排，从而得到客户所想要的效果。

图 2-7　PhotoShop 图像处理软件

图 2-8　Illustrator 图形处理软件

图 2-9　InDesign 排版软件

1）图像调整

图像调整一般主要包括对层次、色彩、清晰度的调节以及分色参数的设置等方面。

（1）图像层次调节

层次是指图像中的明暗变化，对于印刷而言是指视觉中可分辨的密度差别。层次调整的好坏决定了整个图像的基调，还决定了图像细节的再现。层次调节是通过调节图像的亮调、中间调、暗调的亮度级来适应印刷过程中对层次的限制的。

在 PhotoShop 软件中对于图像层次的调节主要是通过直方图、曲线等工具来完成的，如图 2-10、图 2-11 所示。

图 2-10　PhotoShop 直方图

（2）图像颜色校正

颜色校正。其目的之一是客户要求还原原稿颜色，为了还原原稿颜色而进行颜色校正；二是客户要求对原稿颜色的缺陷进行一些改进，为了满足客户的要求而进行颜色校正；三是人们要求原稿颜色符合心理色彩，为了符合人们的欣赏心里而进行颜色校正。最终

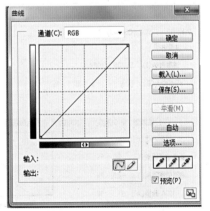

图 2-11　PhotoShop 曲线命令

图 2-12　PhotoShop 中 Unsharp Mask 锐化

达到客户和读者满意的目的。

颜色复制是指颜色分解、传递、合成的一个复杂的过程，颜色还原是印刷复制的一个主要方面，在颜色复制过程中，受到许多因素的影响，例如扫描设备、显示设备、印刷设备、纸张、油墨等，因此必然会产生颜色误差，尤其是受到层次压缩和油墨的影响更为严重，所以要想获得理想的颜色复制，就必须设法校正这些颜色误差，才能实现颜色还原。

在 PhotoShop 软件中对于图像颜色校正主要通过 Curve 曲线、Levels 色阶工具、色相／饱和度、选择性颜色校正、色彩平衡工具等完成。

（3）清晰度强调

在 PhotoShop 中对于图像清晰度的强调是通过锐化工具完成的。在 PhotoShop 中有四种锐化方式，其中 Unsharp Mask 功能最强，如图 2-12 所示，在清晰度强调中也最常用。数量表示锐化强度，PhotoShop 中这个数值的范围可在 0% ~ 500% 之间任意选取，默认值是 5%，数值越大表示强调效果越显著，这应该按照原稿的内容和印刷效果而定；半径表示符合锐化条件的某个像素在锐化时使周围的多少和像素同时参加锐化，取值范围是 0.1 ~ 250 像素，半径过大会产生过高对比度的宽边界效果，使图像粗糙，一般对低分辨率的图像半径值小些，高分辨率的图像可选稍大的半径值；阈值表示锐化的起始点，表示参加锐化的相临像素点的反差范围，即相临像素点反差在阈值以内的不做锐化，大于阈值的做锐化。操作者可根据不同类型的图像对三个参数进行设置，例如对于人物稿，锐化强调量应较小，半径取值应较低，阈值设置应较高，以保证肤色柔和细腻。而对于金属质地的原稿，锐化量则要大，半径取值也要高，阈值设置应较低，来突出其特征及质感。

（4）分色参数的设置

印前图像处理质量控制中很重要的一步是分色参数，即由 RGB 模式转变成四色分色片用的 CMYK 模式的数值设定，如图 2-13 所示。PhotoShop 软件内置有很强的分色功能，所以分

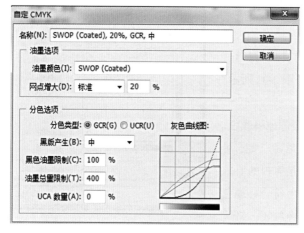

图 2-13　PhotoShop 中分色参数设置

色参数的设定主要在 PhotoShop 的"编辑"/"颜色设置"中进行。分色参数的设置主要包括印刷油墨设置、网点增大设置、分色选项设置。

2）图形设计

利用数字化仪或光盘所输入的图形，或多或少地也要作一些加工处理，如构图形式的局部修改调整、图形整体的变形或转向处理、图形边缘的精细化或模糊化处理、调整尺寸大小、修正色彩等，以符合版面设计的要求。这一般是通过图形处理软件来实现的，常用的软件有 Illustrator、FreeHand、CorelDRAw 等。它们一般都具有如下功能：

图 2-14 图形设计

（1）图形绘制。可以绘制直线、曲线、矩形、圆形、椭圆形、多边形、螺旋形等，还可给图形加上不同的颜色。

（2）图形和文字组合。可以设定文字的字符属性、段落属性，将文字和图形合在一起形成各种各样的图文版面。

（3）图形变换。可以对图形进行变形、缩放、旋转、斜拉、镜像、畸变等变换操作。

（4）图表制作。可以自动生成具有统计功能的图表，如阶梯图、饼图、散布图等，通过图形直观地显示各种统计数据。

3）图文排版

图文排版是指将图像、图形和文字、底色、色块等组合在一起，形成最终的印刷版面。当今主要的排版软件是 Adobe InDesign 和方正飞翔、方正书版等，都是印前部门、广告公司、报社、出版社等最常用的组版软件。这些软件可以精确设置文字、段落属性，定位版面元素、也能制作一些复杂的表格，实现图文混排，同时可以进行简单的图像处理，绘制简单的图形等，如图 2-15 所示。

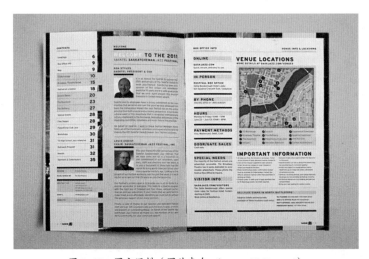

图 2-15 图文混排（图片来自：https：//niice.co/）

4）预检

预检主要是对最终输出前的电子文件进行检查，以确认文件中的内容是否符合印刷标准。当今印刷图文行业使用最多的预检软件是 Adobe Acrobat Professional，这个软件不仅具有预检功能，还能对文件进行简单修改和编辑，另外该软件还可以制作、编辑 PDF 文档，也可直接将 DOC、TXT、PPT 等多种文件格式转换成 PDF 文件。

图 2-16　Adobe Acrobat Professional

2.5　印前输出

将预检合格的 PDF 文件，传送至输出系统的服务器，经过数字化工作流程的解释和处理，即可发送到相应输出端口，例如数码打样、激光照排输出、计算机直接制版或数字印刷等。

2.5.1　数字化工作流程

数字化工作流程是以数字化的生产控制信息将印前处理、印刷以及印后加工三个过程整合成一个不可分割的系统，使数字化的图文信息完整、准确地传递，并最终加工制作成印刷成品。

广义的数字化工作流程包括图文信息流和控制信息流两大部分。图文信息流解决的是"做什么"的问题，图文信息流是需要印刷传播给公众的信息，诸如：由客户提交复制的文字、图形和图像等。

而控制信息流则解决"如何做"、"做成什么样"的问题。控制信息流则是使印刷产品正确生产加工而必要的控制信息，例如：印刷成品规格信息（版式、尺寸、加工方式、造型数据）、印刷加工所需要的质量控制信息（印刷机油墨控制数据、印后加工的控制数据等）、印刷任务的设备安排信息等。

将印前处理、印刷、印后加工工艺过程中的多种控制信息纳入计算机管理，用数字化控制信息流将整个印刷生产过程联系成一体，这就是"数字化工作流程"的基本宗旨。

2.5.2　数码打样

1. 数码打样作用

打样是印刷生产流程中联系印前与印刷的关键环节，是印刷生产流程中进行质量控制和管理的一种重要手段，对控制印刷质量、减少印刷风险与成本极其重要。打样既能作为印前的后工序来对印前制版的效果进行检验，又能作为印刷的前工序来模拟印刷进行试生产，为印刷寻求最佳匹配条件和提供墨色的标准。因此打样不仅可以检查设计、制作、出片、晒版等过程中可能出现的错误，而且能为印刷提供生产依据，成为用户的验收标准。

在实际印刷生产中，在印刷前与客户达成印刷成品最终效果的验收标准，对避免内容的印刷错误，减小印刷的风险与成本，保证印刷质量意义重大。因此打样的作用是：

1）为客户提供标准的审批样张：样张是一个专业制版公司的成品，客户签样才标志着整个制版环节的完成。

2）为印刷提供基本的控制数据和标准的彩色样张，"只有客户签样后才可以上机印刷"是印刷行业确保印刷内容和质量的准确，区分双方责任的原则，也是印刷工人根据样张需要对印刷环境进行调整的依据。

3）检查错误的：通过样张能够全面检查印前从原稿到胶片各工艺环节的质量，发现已存在或可能在印刷中出现的错误，以便对出现的错误进行校正，降低生产的风险。因此打样具有为用户和承印单位发现印前作业中的错误、为印刷提供各种不同类型的样张以及作为印刷前同客户达成合约的依据等功能。总之打样的关键是模拟印刷效果，发现印前工作中的错误，为印刷提供相关的标准。

2. 数码打样原理

数码打样的工作原理与传统打样和印刷的工作原理不同。数码打样是以数字出版印刷系统（cip3/cip4）为基础，利用同一页面图文信息（RIP数据）由计算机及其相关设备与软件来再现彩色图文信息，并控制印刷生产过程的质量。

目前数码打样系统由数码打样输出设备和数码打样控制软件两个部分构成。其中数码打样输出设备是指任何能以数字方式输出的彩色打印机，如彩色喷墨打印机、彩色激光打印机、彩色热升华打印机、彩色热蜡打印机等，但目前能满足出版印刷要求的打印速度、幅面、加网方式和产品质量的多为大幅面彩色喷墨打印机，如HP5000/120，EPSON600/9600等。数码打样软件则包括RIP、彩色管理软件、拼大版、控制数据管理和输入输出接口等几部分，主要完成图文的数字加网、页面拼合与拆分、油墨色域与打印墨水色域的匹配、不同印刷方式与工艺的数据保存、各种设备间数据的交换等。数码打样软件是系统的核心与关键，直接决定了数码打样取代传统打样的进程。由于数码打样采用数字控制，设备体积小、价钱低廉，因此对打样人员知识及经验的要求比传统打样工艺低，易于普及和推广。

3. 数码打样的流程与特点

数码打样的流程是：制作页面电子文件——RIP——数码打样。作业程序是：系统设定电子文件的验收——拼大版选择打样材料——数码打样。数码打样打一套对开四色版仅需15～30分钟，一套数码打样软件可以控制多台数码打样机生产率提高。

数码打样的特点是既不同于传统打样机，又不同于印刷机圆压圆的印刷方式，而是以印刷品颜色的呈色范围和与印刷内容相同的 RIP 数据为基础，采用数码打样大色域空间匹配印刷小色域空间的方式来再现印刷色彩，不需任何转换就能满足平、凸、凹、柔、网等各种印刷方式的要求，能根据用户的实际印刷状况来制作样张，彻底解决了不能结合后续实际印刷工艺从而给印刷带来困难等问题。

项目小结

本项目主要介绍了数字印前工艺主要内容，包括印前工艺设计、版面设计、印前输入、印前图文处理、印前输出等，要求掌握印前工艺相应知识与技能。

课后练习

1）简述印前工艺设计主要注意什么？

2）印前工艺流程是什么？

3）版面设计主要要素是什么？

4）印前输入包括哪些内容？

5）印前图文处理包括哪些内容？

6）数码打样作用是什么？

项目三　平版印刷技术

项目任务

1）平版印刷制版技术；

2）平版印刷技术。

重点与难点

1）平版印刷原理；

2）平版印刷工艺。

建议学时

6 学时。

平版印刷就是使用平版进行印刷的现代印刷方式之一，习惯上又称为平版胶印。当今平版胶印是普遍采用的彩色复制技术。

3.1　平版制版技术

印刷制版是指制作印刷所需印版的工艺过程（GB/T9851.1-2008）。平版制版主要有传统胶片制版工艺（CTF）和计算机直接制版工艺（CTP）。

3.1.1　传统胶片制版

传统胶片制版是指印前先输出要用胶片（菲林片），然后再经过晒版，将胶片上的图文信息转移到传统印版。输出胶片的设备是激光照排机，如图 3-1 所示。

1）PS 版晒版设备

晒版设备是用于制作印版的一种接触曝光成像设备，抽真空，将照排输出的胶片与感光版（PS 版）紧密贴合，经过紫外光照射发生光化学反应，将胶片上的图文信息晒制在 PS 版上，如图 3-2 所示。

图 3-1　激光照排机　　　　　图 3-2　PS 晒版设备

曝光后，印版还需要进行显影、除脏、上胶等工序。

2）PS版

（1）PS版结构

PS版是一种具有多层结构的感光胶印版材。它使用铝板作支持体，铝板经过多种工艺处理，这些工艺处理的目的都是为了赋予它感光特性和印刷适性。

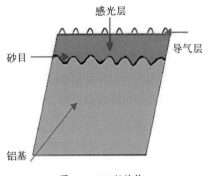

图 3-3　PS 版结构

①毛面颗粒

毛面颗粒为优良版材必备，它可提高与晒版胶片的密着性，缩短抽真空时间，减少光晕现象发生。

②感光层

感光层是涂布的一层感光材料，经过曝光能发生化学反应，再现菲林片的图文信息。不同种类的PS版感光层所用材料不同。

③亲水层

可防止感光涂层残留在阳极氧化层的微孔中。提高版材亲水性能，防止印刷过程中上脏。

④阳极氧化层

铝版基表面经过阳极氧化处理后硬度增高，化学稳定性增加，耐磨性增强。

⑤砂目结构

采用电解粗化工艺，使铝版基表面形成精细的砂目结构，使PS版具有理想的网点再现条件和良好亲水性。

⑥铝版基

使用适合PS版工艺要求、尺寸稳定、高强度、高纯度（≥99.5%）的铝板，是PS版的基体。

（2）PS版分类

根据不同制版工艺中使用的胶片类型和密度的不同以及版材对光线产生的不同反应，PS版可以分为阳图PS版和阴图PS版，还有相对应的轻印刷版材，即纸基版。

①阳图PS版

阳图PS版的感光树脂胶膜是重氮化合物，经过紫外线灯光的照射之后受光分解，变成可溶性感光材料，在PS版显影过程中，受光部分的感光树脂胶膜则会溶解于呈碱性的显影液中，而未受光的PS版图文部分不受影响，从而使软片图文部分变成版材上图文（亲油墨部分）。阳图PS版用阳图胶片晒版。

②阴图PS版

阴图PS版涂层在曝光后发生交联，原来可溶于显影液的涂层变成不溶，从而使软片图文部分（空白部分）得以在版材上再现。

（3）PS版的特点

PS版稳定性好，不受温湿度的变化影响，一般在任何温湿条件下，网点均能晒得出来。保存期长，使用方便。晒版工艺简单，只要控制好PS版的曝光时间、显影液浓度配方、显影液温度等各种参数，就容易将软片、硫酸纸上的图文转移到金属铝合金 PS 版版面上，有利于做到数据化控制。

好的 PS 版除了感光层要有良好的亲油性和版基有良好的亲水性外，还需具备以下特点，包括：厚薄均匀，尺寸稳定，不易变形，表面没有脏污，并有牢固的感光层，这可使 PS 版有较好的耐磨性和耐印力。PS 版的网点再现性好，分辨率高，晒出来的版子网点光洁、圆正、饱满、阶调层次丰富。

3）阳图 PS 版制版工艺

阳图 PS 版的晒版工艺：曝光→显影→水洗→修版→上胶→干燥。

①曝光

阳图 PS 版的曝光原理是：感光版上稀碱不溶性的感光剂分子在曝光过程中吸收了蓝紫光，引起分解和结构重排反应，生成了稀碱可溶性的化合物，如图 3-4 所示。

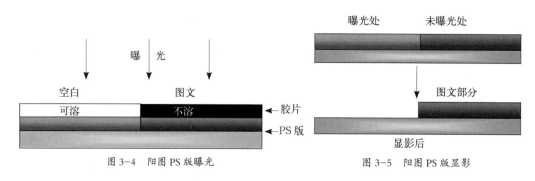

图 3-4　阳图 PS 版曝光　　　　　　　　　图 3-5　阳图 PS 版显影

②显影

曝光后，是对阳图 PS 版进行显影，既要彻底除去版面上已见光分解的感光层，又要使未见光感光层不被溶解，这就是显影的目的。

要达到这个目的，就应从影响显影质量的因素——显影液温度、显影时间和显影液浓度等方面着手，将显影条件控制在一个最佳范围内，从而保证显影质量。

③修版

修版对 PS 版耐印率的影响：制版过程中要有一个干净卫生的环境条件，良好的工作习惯，要求晒版机的玻璃内外干净无灰尘和污物，拼版用的透明涤纶片基、拼版台、软片、硫酸纸等干净整齐，避免纸屑、头发飘落到晒版机玻璃和拼版的片基上，只有这样才能减少修版工序，或者最好不需要修版。但是，为了消除显影、水洗后 PS 版面上多余的影像、斑点、胶带痕迹等污垢的地方，可在被消除部位上涂少量的修版膏，停留 45 秒后用软布擦去，用水冲洗干净。修版的时候，要防止修版膏侵蚀到图文感光树脂引起掉版、坏版，靠近图文部分的边缘处要认真仔细用小毛笔、排笔修版，PS 版在水洗后才能进行修版，但是修版的时候要把 PS 版上的水擦干，否则多余的水会降低修版效果，已经涂上保护胶的 PS 版修版时不容易把多余的影像去除干净。修版之后及时用水和毛巾洗擦干净后涂上阿拉伯树胶可以保护印版。

④上胶

机器上胶，请按保护胶生产厂家推荐的保护胶工作液使用方法上胶。即用合适的水量稀释保护胶原液（或保护胶粉），按厂家推荐的比例，配制成保护胶工作液，注入上胶机中。通常情况下上胶机含在显影机里。如果漂洗设备中的水被带进了显影机上的胶槽，稀释了保护胶液，将导致版材上脏。如果胶液太稀，版材上的保护胶层太薄，则容易产生上脏或擦伤的情况。如果胶液太稠，版材上的保护胶层太厚、严重不均匀，则容易产生不着墨、龟裂和掉版现象。若上胶机上带有干燥段，干燥段过热可导致保护胶液粘在辊上，干燥温度宜在60℃左右。每月清洗空气循环过滤器一次。当空气过滤器堵塞时会起热，使操作不稳定。

3.1.2 计算机直接制版

1）定义

计算机直接制版（Computer to plate，简称 CTP）就是采用数字化工作流程，直接将文字、图像转变为数字，直接生成印版，省去了胶片这一材料、人工拼版的过程、半自动或全自动晒版工序。与传统的胶片晒版工艺相比具有工序简单、无需出片、晒版且制版周期短等优点。

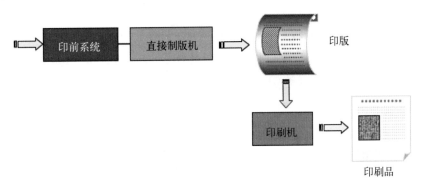

图 3-6　计算机直接制版工艺流程

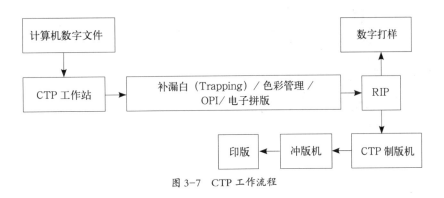

图 3-7　CTP 工作流程

2）计算机直接制版优势

计算机直接制版标志着印前工作流程的完全数字化。印版既是印前处理的最终效果，也是划分印前和印刷的分界线。计算机直接制版之前的印前技术，仅仅实现了印前工作流程部分的数字化。而计算机直接制版实现了数字页面向印版的直接转换，实现了整个印前过程的数字化。

计算机直接制版大大提高了制版效率和制版质量。在计算机直接制版过程中，不再需要拼版、晒版、拷贝等复杂工序，具有更高的效率和速度。同时制版中的可变因素也降到了最

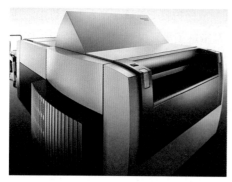

图 3-8　CTP 制版设备

低限度，所以可以获得高质量的印版。

计算机直接制版为企业提供了更高的经济效益。计算机直接制版不再需要使用感光胶片和相关的设备、耗材，从长远考虑具有更低的综合成本，可以产生更高的经济效益。

由于以上特点，计算机直接制版得到了巨大的发展，发展前景很好。

3）CTP 制版设备

CTP 制版设备是通过激光曝光，直接在印版上记录点阵位图信息的设备。CTP 制版机一般分成内鼓式、外鼓式、平板式、曲线式四大类。在这四种类型中，目前使用的最多的是内鼓式和外鼓式，其中性能比较好的高档 CTP 制版机采用的都是外鼓式。

4）CTP 成像技术

CTP 成像技术主要包括光敏 CTP 技术（可见光、紫激光、UV 光）和热敏 CTP 技术。光敏 CTP 是利用光对印版曝光来成像的；热敏 CTP 是利用 830nm 波长红外热成像的技术。热敏 CTP 多采用外鼓式成像结构，光敏 CTP 多采用内鼓式成像结构。

3.2　平版印刷

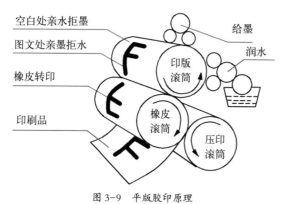

图 3-9　平版胶印原理

空白处亲水拒墨
图文处亲墨拒水
橡皮转印
印刷品
给墨
润水
印版滚筒
橡皮滚筒
压印滚筒

3.2.1　平版胶印原理

平版胶印是利用油、水不相溶的客观规律进行的印刷。在胶印印版上图文部分和非图文（空白）部分几乎在同一平面上，图文部分具有亲油性，非图文部分具有亲水性。平版胶印是先用润版液润湿印版空白部分，形成水膜，抗拒油墨；然后再上墨，在印版图文部分形成一定厚度的墨膜；如图 3-9 所示，在一定压力下将印版上的油墨转移到橡皮滚筒，然后由橡皮滚筒再转移到承印物。平版胶印是一种间接印刷方式。

3.2.2　平版胶印特点

平版胶印具有如下特点：印版上的图文部分和空白部分几乎位于同一平面；印刷时要使用润版液润湿印版，以达到水墨平衡；间接印刷，有橡皮滚筒，印版上的图文是正像；空白和图文同时受压，平均压力小，速度快；墨层平薄（约为 $0.7 \sim 1.2\,\mu m$）；工艺简单，成本低，工期短；油墨胶印过程有水的参与，所以油墨容易产生乳化现象，水墨平衡控制非常重要。

3.3　平版印刷机

3.3.1　平版印刷机分类

平版印刷机种类较多，按印刷机色数分单色、双色、四色、五色、六色、八色等胶印机；按印刷面数分单面胶印机、双面胶印机；按承印物形式分单张胶印机和卷筒胶印机；按幅面分全张胶印机、对开胶印机、四开胶印机、八开胶印机等。

3.3.2　平版印刷机结构

平版印刷机一般都是由输纸机构、印刷机构、供墨机构、润湿机构、收纸机构五大部分组成，如图 3-10 所示。有些还备有干燥及折页装置。

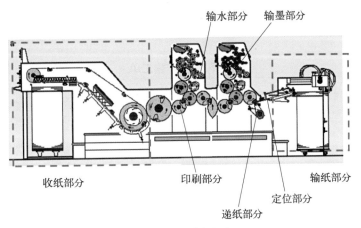

图 3-10　胶印机组成

印刷机构包括印版滚筒、橡皮滚筒、压印滚筒。供墨机构包括墨斗、墨量调节螺丝、出墨量调节版、墨斗辊、匀墨辊、压辊、串墨辊、靠版辊等。润湿机构包括水斗、水斗辊、传水辊、匀水辊、着水辊等。单张纸平版印刷机的收纸机构，一般由链条式印张传送器、印张减速器、收纸台等部件组成。

3.4　平版印刷工艺

平版印刷过程主要包括：印刷前的准备、安装印版、试印刷、正式印刷、印后处理等，如图 3-12 所示。

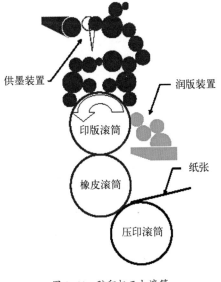

图 3-11　胶印机三大滚筒

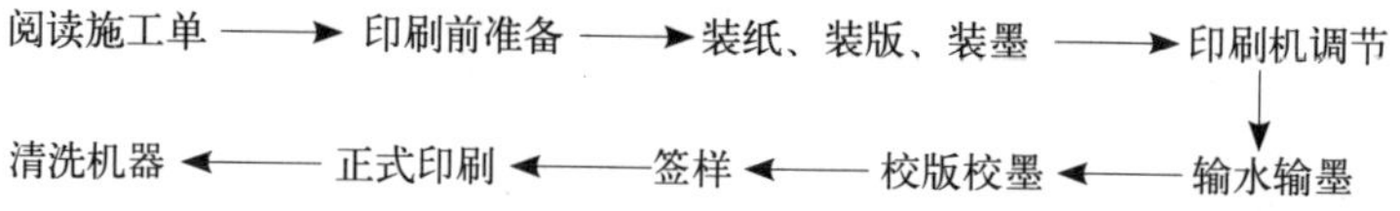

阅读施工单 ——→ 印刷前准备 ——→ 装纸、装版、装墨 ——→ 印刷机调节

清洗机器 ←—— 正式印刷 ←—— 签样 ←—— 校版校墨 ←—— 输水输墨

图 3-12 平版印刷过程

3.4.1 印刷前的准备

平版印刷工艺复杂，印刷前要作好充分的准备工作。

1）检查生产施工单

印刷生产施工单是客户对印刷厂、印刷厂对员工传递印刷生产过程中所需满足的印刷要求的一种信息凭证，包括了客户对产品的加工要求、生产及调度部门的生产计划、工艺部门所做的工艺安排等，如表 3-1 所示。在印刷前操作人员要仔细阅读施工单，为印刷做好准备。操作人员在阅读印刷生产施工单时要做到如下几点：了解印品名称、规格尺寸、质量要求、交货时间；了解所需纸张类型、规格、定量、数量、印刷正数（成品数量）、加放数等。

印刷生产施工单   表 3-1

客户名称	** 公司	合同单号	006	施工单号	006	交货日期	
印件名称	礼品袋		成品尺寸	高 375mm 宽 310mm 厚 100mm		印数	10000 本
拼版	大对开拼版		拼版尺寸	885mm×595mm		印版件数	4 块
			印刷色数	2+0 色		P 数	4 块
切纸	用纸名称	$157g/m^2$ 双铜纸	用纸数	5000 张全开			
	开纸尺寸	885mm×95mm	加放数	100 张			
印刷	印刷用纸	10200 张对开	印刷色数	2+0 色			
	上机尺寸	大对开	下机数量	10150 张对开			
印后加工	单面过光胶、模切、粘袋、穿绳						
开单员		审核员			开单时间		

2）材料的准备

纸张（尤其是用于多色胶印机的纸张）在投入印刷前，需要进行调湿处理。其目的是降低纸张对水分的敏感程度，提高纸张尺寸的稳定性。调湿处理一般有两种方法。一是将纸张吊晾在印刷车间，使纸张的含水量与印刷车间的温度、湿度相平衡。二是把纸张先放在高温、高湿的环境中加湿，然后再放入印刷车间或与印刷车间温度、湿度相同的场所，使纸张的含水量均匀。

油墨厂生产的油墨，一般是原色墨（Y、M、C 三色），印刷厂在使用时，需要根据印刷品的类别，印刷机的型号，印刷色序等的要求，对油墨的色相、黏度、黏着性、干燥性进行调整。

从存版车间领取上机的印版时，要对印版的色别进行复核，以免发生版色和印刷单元油墨色不相符的印刷故障。

平版的浓淡层次，是用网点百分比来表现的，网点百分比过大，印版深，否则，印版浅。过深、过浅的印版需要修正或重新晒版。此外，还要检查印版的规线、切口线、版口尺寸等。

平版印刷必须使用润湿液。一般是在水中，加入磷酸盐、磷酸、柠檬酸、乙醇、阿拉伯胶以及表面活性剂等化学组分，根据印刷机、印版、承印材料等的不同要求，配制成性能略有差异的润湿液。印刷时，润湿液在印版的空白部分形成均匀的水膜，防止脏版。当空白部分的亲水层被磨损时，可以形成新的亲水层，维护空白部分的亲水性，同时，能降低印版的温度，减小网点扩大值。PS 版使用的润湿液为弱酸性，pH 值约为 5 ~ 6 之间，报纸印刷因使用略显酸性的纸张，可以使用弱碱性的润湿液。

平版印刷机橡皮滚筒的表面，包覆着由橡皮布和衬垫材料组成的包衬。包衬视硬度不同分为硬性、中性、软性等三种。硬性包衬一般用于多色、高速胶印机；软件包衬常被用在精度低的胶印机；中性包衬的性能介于硬性和软性之间，应用的范围较广。

3）合理安排色序

印刷色序是个很复杂的问题，一般是透明度差的油墨先印；网点覆盖率低的颜色先印；明度低的油墨先印。以暖色调为主的人物画面先印，后印品红、黄色；以冷色调为主的风景画面，后印青色、黄色；用墨量大的专色油墨后印；报纸印刷，黑墨后印。单张纸四色印刷机大多采用黑、青、品红、黄的色序；单色机、双色机的色序比较灵活。

3.4.2 安装印版

将印版连同印版下的衬垫材料，按照印版的定位要求，安装并固定在印版滚筒上。目前主要有半自动上版装置和全自动上版装置。

半自动上版装置是指印版的装卸工作仍需要人工的辅助操作才能完成，如海德堡半自动换版 Autoplate，曼罗兰半自动换版系统 PPL。半自动上版装置在换版时，先按半自动换版按钮使印版滚筒转到适当位置，版夹张开，这时操作工人需将印版叼口放入印版版夹中，到达版夹的定位位置，按下按钮使版夹紧密闭合（如果印版没有装到位，印版版夹内的光电检测器会产生一个电信号，这时按动按钮，版夹不会闭合，印刷机也不会向前转动），印刷机使印版在受压状态下向前转动，直到将印版拖梢压入滚筒后缘的版夹内。整个装版操作自动进行，不需要使用任何工具，也无需重新拉紧。

全自动上版装置更加简单，操作人员只需要将新版装入到印刷机组上的相应护罩中，启动换版程序后，不需要人工辅助操作，就可以实现旧版的拆除和新版的安装。现在几大品牌胶印机上的全自动上版装置基本都可以实现同时更换印版，而且一台印刷机无论配置多少个印刷机组，整个换版时间一般都能保证在 3 ~ 5 分钟内完成。手动换版，4 个机组的印刷机大概需要 20 分钟左右，极大地缩短了调机准备时间，超长配置的机器更能体现其优势。

3.4.3   试印刷

印版安装好以后，就可以进行试印刷，主要操作有：检查胶印机输纸、传纸、收纸的情况，并做适当的调整以保证纸张传输顺畅、定位准确。以印版上的规矩线为标准，调整印版位置，达到套印精度的要求。校正压力，调节油墨、润湿液的供给量，使墨色符合样张。印出开印样张，审查合格，即可正式印刷。

3.4.4   正式印刷

在印刷过程中经常要抽出印样检查产品质量，其中包括：套印是否准确、墨色深浅是否符合样张、图文的清晰度是否能满足要求、网点是否发虚、空白部分是否洁净等，同时，要注意机器在运转中有无异常，发生故障要及时排除。

3.4.5   印刷后清洁整理工作

主要内容有：墨辊、墨槽的清洗，印版表面涂胶或去除版面上的油墨，印张的整理，印刷机的保养以及作业环境的清扫等。

项目小结

本项目主要介绍平版印刷技术制版、印刷等内容，通过本项目的学习，使学生掌握平版印刷基本特点、传统胶片制版、计算机直接制版、胶印原理、胶印设备、胶印工艺等。

课后练习

1）简述 PS 版制版工艺。

2）计算机直接制版优势在哪里？

3）平版胶印原理是什么？

4）简述胶印工艺过程。

项目四　凹版印刷技术

项目任务

1）熟悉凹印制版技术；

2）掌握凹印技术；

3）掌握凹印设备及工艺。

重点与难点

1）凹印制版；

2）凹印技术。

建议学时

4学时。

凹版印刷作为主要的印刷方式之一，在印刷行业一直占据着重要的地位，仅次于胶版印刷，凹版印刷以其大批量、高质量和高速度的特点，广泛地应用在包装印刷、出版印刷和特殊产品印刷中，尤其在塑料、软包装、烟包、有价证券等印刷中。凹版印刷具有图像质量高、层次丰富、墨层厚实、色彩鲜艳、印版耐印力强等优点。

4.1　凹版制版技术

4.1.1　凹版制版方法

凹印制版按图文形成的方式不同，可分为雕刻凹版和腐蚀凹版两大类。

雕刻凹版：是指利用手工，机械或电子控制雕刻刀在铜版或钢版上把图文部分挖掉，为了表现图像的层次，挖去的深度和宽度各不同。深处附着的油墨多，印出的色调浓厚；浅处油墨少印出的色调淡薄。雕刻凹版有：手工雕刻、机械雕刻、电子雕刻凹版、激光雕刻凹版。

（1）手工雕刻凹版

手工雕刻凹版是采用手工刻制和半机械加工相结合的方法，按照尺寸要求，把原稿刻制在印版上。

（2）机械雕刻凹版

机械雕刻凹版是采用雕刻机直接雕刻或蚀刻的方法制成的雕刻凹版。

（3）电子雕刻凹版

应用电子雕刻机来代替手工和机械雕刻所制成的凹版。它是在电子雕刻机上利用光电原理，根据原稿中不同层次的图文对光源反射不同的光量（若用透射原稿则透过不同光量），通过光电转换产生相对应的电量，控制进行雕刻刀具升降距离，对预先处理好的金属版面进行雕刻，获得需要的图文。印版版面的深度根据原稿层次的浓淡变化。

电子雕刻机的结构及工作原理是扫描滚筒上放置原稿，滚筒作周向转动，扫描头横向移动，扫描原稿上的光信号将其转变成电信号。电信号经计算机处理后控制雕刻头，雕刻头上的雕针或雕刻刀在版滚筒上雕刻。电子雕刻凹版是目前应用最多的印版。

电子雕刻凹版的制作过程为：制扫描底片→安装印版滚筒→测试→雕刻→镀铬。

图 4-1 电子雕刻机

制作扫描底片

↓

安装印版滚筒

↓

测试

↓

雕刻

图 4-2 电子雕刻凹版制作过程

①制作扫描底片

以往的扫描底片，采用的是连续调的乳白片，造价昂贵，底片质量很难控制。20 世纪 80 年代，电子雕刻机加入电子转换组件，按设计好的程序进行胶凹转换，即用胶印用的加网底片，雕刻凹版。因此，现在大多使用分色加网的底片制版。

②安装印版滚筒

用吊车将印版安装在电子雕刻机上，雕刻前清除版面的油污、灰尘、氧化物。把扫描底片平服的粘贴在原稿滚筒上。

③测试

根据原稿（扫描片）的要求和油墨的色相，结合印刷产品制定试刻值，例如，装饰印刷的纸张比较粗糙，吸墨性强，雕刻深度须在 $45 \sim 50\,\mu m$ 才能到印刷要求，必须调整雕刻放大器上的电流、电压。

④雕刻

扫描头对原稿进行扫描，雕刻头与扫描头同步运转，印版滚筒表面被雕刻成深浅不同的网穴。

新型的电子雕刻机有三种形状的网点角度，可以在操作时任意选择，以免发生因套印不准而产生的龟纹。

在雕刻文字时，细微的笔道不能丢失，必须选用细网线雕刻，如果用 100 线 /cm，文字的雕刻就可以达到十分理想的效果。

现在，电子雕刻凹版多采用分体式的电子雕刻系统制版，即扫描仪和电子雕刻机分离，分别和图像工作站的输入、输出接口相连。扫描仪能扫描阳图、阴图底片，能扫描乳白片，还能进行胶凹转换。工作站具有多种图像处理功能，对图像可进行整体、局部的色彩修正、剪切、组合和缩放、色彩渐变。使黄、品红、青图像与线条图像合二为一等。电子雕刻机的网线范围从 31.5 ~ 200 线 /cm。

（4）激光雕刻凹版工艺

激光雕刻凹版制版工艺主要有两种方式，激光束直接雕刻凹版和激光蚀刻凹印制版工艺。激光直接雕刻凹版属于高效率的雕刻方法，其雕刻原理是使用高能射线束作用于凹版滚筒表面的镀层，使镀层熔化和部分汽化以形成下凹的网穴。激光蚀刻凹印制版工艺，是直接法工艺的一种改进，用激光烧蚀的方法代替胶片曝光，使得直接法也可以方便地做到无缝连接，并进一步提高了可重复性。

激光蚀刻凹印制版的激光雕刻机系统由喷涂机、激光雕刻机和腐蚀机三大部分组成。其中，激光雕刻机又包括：工作站、电器控制、雕刻机、压缩机和真空泵。

激光蚀刻凹印制版工艺流程：

原稿→ DTP 系统→激光蚀刻系统工作站→滚筒研度→喷胶→激光蚀刻→腐蚀→镀铬

首先对版基（镀铜滚筒）表面进行彻底地脱脂清洗处理，然后在铜辊表面均匀地涂布一层防腐蚀胶，胶层的厚度可根据工艺要求的不同而定。接下来，由拼版工作站将印前工序制作好的文件转换成雕刻数据，使用激光雕刻机的激光束把图文部分的胶层直接灼烧，瞬间汽化形成网点。非图文部分的胶层依然存在，这一过程我们又叫做激光刻膜。然后把版辊放在腐蚀槽里用腐蚀液进行腐蚀，非图文部分的无网点部分由于有胶层保护依然保留，然后，用清洗液洗去非图文部分的胶层，最后再镀铬增加版辊的耐印力。

激光雕刻机的强大功能是它的加网方式，加网时可以选择不同的网点形状，如方形、圆形、六边形、椭圆形等，甚至可以编辑个性化网点形状，这样就可以起到防伪作用。

电子雕刻版产生的网点形状比较单一，而激光雕刻的网点形状除随机带的方形网点、圆形网点、椭圆形网点、六边形网点、线形网点外，还可人为编辑做到任一形状网点，可以非常有针对性地根据不同稿件选择不同的网点形状，从而制定适合的雕刻制版工艺。电子雕刻的网穴呈 V 字型，而激光雕刻的网穴为 U 字型，所以其容积、储墨量和上墨量都更大，转印效果也更佳。网穴的形状决定了激光雕刻凹版含墨量大小，含墨量大则油墨容易转移，印品墨层厚实。

4.2 凹版印刷技术

4.2.1 凹版印刷定义

凹印印版上空白部分高于印刷图文部分，并且高低悬殊，空白部分处于同一平面或同一曲面上，凹陷的图文部分形成网穴容纳油墨图（图 4-3），通过印刷压力的作用，使图文印迹（网穴内油墨）转移到承印物表面（图 4-4）。满版涂上油墨利用刮墨刀刮去空白部分多余油墨，在压力作用下版面凹穴中的油墨转移到承印物上，得到的印品墨层厚度不同而产生浓淡不同的色调。

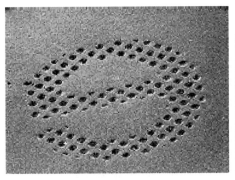

图 4-3　凹版印版表面

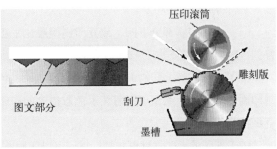

图 4-4　凹印原理图

4.2.2　凹印的应用领域

凹版印刷技术在世界范围内主要应用于包装、出版和特殊产品领域。

1. 包装领域：主要应用于折叠纸盒、塑料软包装（图 4-5）、标贴、包装纸以及复合罐的印刷。

2. 出版领域：主要用于杂志、样本和内插页的印刷。

3. 特殊产品领域：应用于礼品包装纸、木纹纸、壁纸、乙烯基材、名片、装饰复合板材、钞票地板、薄绵纸、有价证券、香烟过滤嘴、热转移纸、云石纸衬页、涂布封面、转移印花等。随着社会经济的发展，商品的包装越来越受到重视。因为，

图 4-5　塑料软包装

图 4-6　凹印产品邮票

图 4-7　凹印烟包

从某种意义上讲，色彩缤纷、设计新颖的商品包装能够引发人们的购买欲望。

4.2.3　凹版印刷产品主要特点

凹版印刷制品具有墨层厚实、层次丰富、立体感强、印刷质量好等优点，主要用于印刷精致的彩色图片、商标、装潢品、有价证券和彩色报纸等。由于凹版印刷机的制版工艺复杂、周期长及含苯油墨对环境的污染，在中国尚未被大量使用。因此，提高制版工艺、缩短制版时间、使用无污染油墨、减少能源消耗、降低成本等措施正在研究改进中。凹版印刷机的主要特点是印版上的图文部分凹下，空白部分凸起，与凸版印刷机的版面结构恰好相反。机器在印单色时，先把印版浸在油墨槽中滚动，整个印版表面就涂满油墨层。然后，将印版表面属于空白部分的油墨层刮掉，凸起部分形成空白，而凹进部分则填满油墨，凹进越深的地方油墨层也越厚。机器通过压力作用把凹进部分的油墨转移到印刷物上，从而获得印刷品。

4.2.4　凹版印刷的优缺点

1）凹版印刷的优点

（1）由于印刷部分下凹，故其印刷墨层比平版印刷厚实，使颜色的饱和度和亮度得到更好的再现。

（2）由于印版上印刷部分下凹的深浅随原稿色彩浓淡不同而变化，因此，凹版印刷是常规印刷中唯一可用油墨层厚薄表示色彩浓度的印刷方式。所印图像色彩丰富、色调浓厚，适合做精美包装。

（3）凹版的承印物材料非常广泛，可以印刷玻璃纸、塑料等非纸基印刷物。

（4）凹版印刷采用圆压圆轮转式的直接印刷方式，印刷机结构简单，印版耐印力高，印刷速度快，大批量印刷时成本较低。

2）凹版印刷的不足

（1）在传统印刷中，凹印的图像和文字使用相同的分辨力，导致文字和线条有毛刺，不够细腻。

（2）由于凹印制版中的电镀工艺不可避免，因此容易带来环境污染。

4.3　凹版印刷工艺

4.3.1　凹版印刷机

凹版印刷机采用直接方式印刷，稳定性好，印刷质量前后一致。凹版印刷机结构比胶印机简单，印刷速度快，印版耐印力高，操作维护也简单。凹版印刷机有不同的分类：

1）按照压印方式：分为圆压圆（图4-8）、圆压平。无论是哪一种类型的印刷机一般都采用直接印刷。

2）按承印材料形式：分为单张纸凹印机、卷筒纸凹印机（图4-9）。现在实际使用的绝大部分是卷筒纸凹印机。

3）按色组数量：分为单色凹印机、多色凹印机。目前最高凹印机的印刷色数为12色。

4）按照印刷机组的排列方式：分为层叠式卷筒料凹印机（图4-10）、并列式卷筒料凹印机（图4-11）、卫星式卷筒料凹印机。

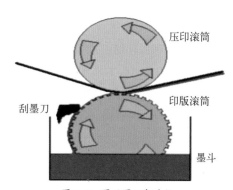

图4-8　圆压圆凹印过程

图4-9　卷筒纸凹印机

图 4-10 层叠式卷筒料印刷机

图 4-11 机组式凹版印刷机

层叠型凹版印刷机,其印刷单元上下层叠,排列在印刷机主墙板的一端或两端,每个印刷单元都有独立的压印辊筒。各印刷单元由安装在主墙板上的齿轮系统传动,一般有 2 ~ 8 个印刷单元。

层叠式卷筒料凹版印刷机的优点主要表现在以下几个方面:可以改变薄膜的穿行路线,能进行双面或单面印刷,印刷单元之间的距离近便于调节操作;印刷机的结构紧凑,造价低;层叠式卷筒料凹版印刷机缺点是套印精度低,不适用拉伸大的超薄薄膜的印刷。

机组式凹版印刷机,是目前世界上大型的凹印机最常采用的形式。它是由若干个印刷单元互相独立,并成水平排列,通过一根共用的动力轴驱动。它的特点是所有的印刷机组各自成为一个印刷单元,依次安装在同一条生产线上,两个印刷工位之间空间比较大,装拆印版、更换胶辊、清理卫生都很方便。每个印刷单元都有单独的干燥系统,操作十分方便。

近几年,新型的机组式凹版印刷机已实现电子无轴传动,即每个印刷单元之间去掉了共用的驱动动力轴(有轴传动),改由伺服马达进行控制,使套印精度更高,操作更加方便。

机组式凹版印刷机具有如下优点:

(1)增减印刷单元容易,一般的凹版印刷机只有 6 ~ 9 个单元,最多的可达 12 个单元,实现双收双放,即一台印刷机可能分成两台印刷机进行操作。

(2)可以在印刷机上安装一套反转装置,可改变基材的穿行路线,进行单面或双面印刷。

(3)相邻两个印刷单元距离大,使印刷干燥速度提高,装拆方便,便于更换印版和油墨等,从而可减少停车时间,提高生产效率。

(4)每组印刷单元后可设置较大面积的干燥装置,有利于油墨的快速干燥,可用于高速印刷。现在高档的印刷机均采用复式烘干箱,并且在最后一单元再加一组烘干箱,保证印刷膜能彻底干燥,提高速度,降低溶剂残留量。

(5)采用先进的自动套色系统,实现印刷过程中的自动纠正偏差,降低了废品率,明显提高了套印精度,同时可通过印品质量监控系统,及时调整印刷缺陷。目前,世界上最先进的印刷机还带有检品机,检查已印完的印刷品,发现不良会自动贴上标识,在进行下道工序加工时可以筛选出来,避免重复浪费造成的生产成本的提高。

其缺点是不太适应拉伸大的超薄薄膜的印刷。

4.3.2　凹版印刷过程

凹版印刷由于印刷机的自动化程度高，制版质量好，因而工艺操作比平版印刷简单，容易掌握，工艺流程如下：

印前准备→上版→调整规矩→正式印刷→印后处理

1）印前准备

凹版印刷的准备工作包括：根据施工单的要求，准备承印物、油墨、刮墨刀等，还要对印刷机进行润滑。

塑料薄膜，是凹版印刷主要的承印物。常用的塑料薄膜有聚乙烯、聚丙烯、聚氯乙烯等。因为塑料薄膜表面光滑、粘附油墨的性能差，所以，在印刷前要对薄膜表面进行处理。一般采用电晕处理，该方法是将塑料薄膜在两个电极中穿过，利用高频振荡脉冲迫使空气电离产生放电现象形成电晕，游离的氧原子与氧分子结合生成臭氧，使薄膜表面形成一些强性集团和肉眼看不见的"毛刺"，这样便提高了薄膜的表面张力和粗糙度，有利于油墨和粘合剂的附着。

2）上版

上版操作中，要特别注意保护好版面不被碰伤，要把叼口处的规矩及推拉规矩对准，还要把印版滚筒紧固在印刷机上，防止正式印刷时印版滚筒的松动。

3）调整规矩

印刷前的准备工作完成之后，再仔细校准印版，检查给纸、输纸、收纸、推拉规矩的情况，并作适当调整，校正压力，调整好油墨供给量，调整好刮墨刀。刮墨刀的调整，主要是调整刮墨刀对印版的距离以及刮墨刀的角度，使刮墨刀在版面上的压力均匀又不损伤印版。

4）正式印刷

在正式印刷的过程中，要经常抽样检查，如网点是否完整、套印是否准确、墨色是否鲜艳、油墨的粘度及干燥是否和印刷速度相匹配，是否因为刮墨刀刮不均匀，印张上出现道子、刀线、破刀口等。

凹版印刷的工作场地，要有良好的通风设备，以排除有害气体，对溶剂应采用回收设备。印刷机上的电器要有防爆装置，经常检查维修，以免着火。

项目小结

本项目主要介绍凹版印刷技术，通过本项目的学习，使学生掌握凹版印刷定义、特点、应用，掌握包括凹印制版、凹印技术、凹印设备、凹印工艺等。

课后练习

1）简述凹版印刷的特点。

2）凹印制版方法有哪些？

3）层叠式凹印机与机组式凹印机有什么区别？

4）简述凹印工艺。

项目五　凸版印刷技术

项目任务

1）熟悉凸印技术；

2）掌握柔性版制版技术；

3）掌握柔性版印刷设备与柔印工艺。

重点与难点

1）柔印制版；

2）柔印技术。

建议学时

4 学时。

凸版印刷印版的图文部分高于空白部分，且在同一个平面上。凸起的图文部分覆以油墨，空白部分低于图文部分，故不能粘附油墨，在压力下，印版上图文部分的油墨转移到承印物上而得到印刷品，凸版印刷原理如图 5-1 所示。

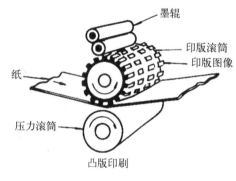

图 5-1 凸版印刷原理

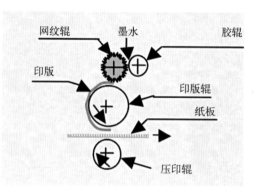

图 5-2 柔性版印刷原理

凸版印刷是直接印刷，金属凸版印刷压力较大、不均匀，金属凸版墨色不匀，凸版印刷品有明显的不平整度和挤压边，印刷精度不高，主要适合印刷文字书刊、商业表格等。柔性版印刷作为凸版印刷的一种，目前在凸印中应用最为广泛。

柔性版印刷也常简称为柔版印刷，是包装常用的一种印刷方式。根据我国印刷技术标准术语 GB9851.4-90 的定义，柔性版印刷是使用柔性版，通过网纹辊传递油墨的印刷方式。柔性版印刷是在聚酯材料上制作出凸出的所需图像镜像的印版，油墨转到印版（或印版滚筒）上的用量通过网纹辊进行控制。印刷表面在旋转过程中与印刷材料接触，从而转印上图文。

5.1 柔性版制版技术

5.1.1 传统柔印版制版

传统柔印版经历了从橡胶版到感光树脂版的发展过程，现在主要以感光树脂版为主。柔印感光树脂制版原理：感光性树脂版材在紫外线的照射下，首先引发剂分解产生游离基，游离基立即与不饱和单体的双键发生加成反应，引发聚合交联反应，从而使见光部位（图文部分）的高分子材料变成难溶甚至不溶性的物质，而未见光部位（非图文部分）仍保持原有的溶解性，可用相应的溶剂溶去未见光部位的感光树脂，而见光部位保留，形成浮雕图文。

柔印感光树脂版制版方法主要有固体感光树脂柔性版制版和液体感光树脂柔性版制版两种。

图 5-3 柔性版版材

1）固体感光树脂柔性版制版工艺

制版工艺流程：阴图片准备→裁版→背面曝光→正面曝光→显影冲洗→干燥→后处理→后曝光。

（1）阴图片准备：检查阴图片图文清晰程度及有无划痕；检查图文方向是否正确。

（2）裁版：裁切版材时要根据阴图片尺寸，版边预留 12mm，正面朝上进行裁切。

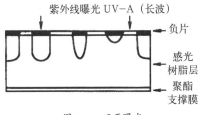

图 5-4 正面曝光

（3）背面曝光：是指从背面对印版进行均匀曝光，如图 5-3 所示。背面曝光的主要目的是建立印版的浮雕深度，并且加强聚酯支撑膜与感光树脂层之间的粘着力。

具体操作是：将感光版材放进曝光装置，光源预热 5 分钟，把版材正面朝下放在晒版架上吸紧，调节曝光定时器，进行背面曝光。通过测试确定背面曝光的时间，一般较短。背面曝光时间的长短决定了版基的厚度，曝光时间越长，版基越厚；曝光时间越短，版基越薄。

（4）正面曝光：也称主曝光，是指将阴图片上的图文信息转移到版材上的过程。如图 5-4 所示。具体操作是将版材正面朝上放在真空晒版机中，把版面保护膜撕去；用抗静电毛刷把阴图片清扫干净，然后把阴图片放在既定位置的感光版材上，软片乳剂面必须与感光树脂药膜面贴和；再把聚酯或醋酸纤维素膜切成条状，覆盖在未被阴图片盖住的感光版材部位；再用一张透明塑料片把版材、阴图片、聚酯条一起覆盖，用软布抹平，将膜间积气排出，然后再抽真空，开启光源曝光。

（5）显影（冲洗）：版面经曝光后，见光部分硬化，而未见光部分需要用溶剂去除，这个过程称为显影。显影的目的是除去未见光部分的感光树脂，形成凸起的浮雕图文。显影时间通常为几分钟到 20 分钟左右，显影时间过短，浮雕浅、底面不平、易出现浮渣；显影时间过长，图文易破损、表面鼓起、版面高低不平。

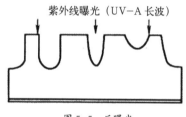

图 5-5　后曝光

（6）干燥：从显影机中取出的印版，通常都是膨胀的，粘而软，上面的直线看起来像波浪线，文字也是歪的，需要在烘箱内进行干燥，排出所吸收的溶剂而恢复原来印版的厚度，这就是干燥过程，干燥几分钟到 30 分钟。

（7）后处理：是指用光照或化学方法对干燥后的版面进行去粘处理。目的是去除版面表面的黏性，增强着墨能力。常用后处理方法有光照法、化学法、喷粉防粘。

（8）后曝光：是对干燥好的印版进行全面的曝光，把印版正面向上放在真空吸片架上，不覆盖任何东西用紫外线对版面进行全面曝光，后曝光时间约为几分钟，如图 5-5 所示。

2）液体感光树脂制版工艺

液体感光树脂柔性版制版工艺流程如下，如图 5-6 所示。

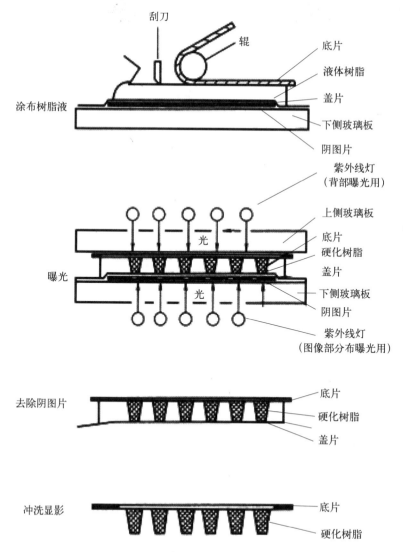

图 5-6　液体感光树脂柔性版制版工艺流程

铺流感光树脂→背面曝光→正面曝光→回收感光液→显影冲洗→干燥与后曝光。

（1）铺流感光树脂：先将阴图片的乳剂面朝上放在下玻璃板上，将薄薄一层聚丙烯膜覆盖在阴图片上起保护作用，用真空吸气装置将覆盖膜吸住，使其与阴图片紧密接触，然后用泵精确计量在覆盖膜上铺流感光树脂，铺流设备将坚固的底衬材料滚压在铺流好的感光树脂上。

（2）背面曝光：将上玻璃板放下，使两块磨砂玻璃将感光树脂夹在中间，然后从上面进行背面曝光，曝光时间为 1 ~ 2 分钟，目的是形成印版的底基。

（3）正面曝光：使片基与树脂粘牢后，然后对底片进行正面曝光，形成影像，曝光时间为 15 ~ 20 分钟。

（4）回收感光液：将曝光后的印版放在一个回收装置中，回收未曝光的感光树脂，回收后的感光树脂可以过滤处理后重新使用。

（5）显影冲洗：再把印版放入显影机内用显影剂进行冲洗，显影剂一般为氢氧化钠溶液。显影后片基上留下感光硬化的图文部分。

（6）干燥与后曝光：用红外线干燥装置对洗净的树脂版进行干燥，然后再进行后曝光，其目的是使印版上的非图文部分硬化。

3）印版的保存

（1）未曝光固体版材的储存

对于未曝光的固体版材应存放在阴凉干燥温度 4 ~ 38℃环境下，远离热源和光源，必须避开紫外线的照射，避免受压，并在生产后的 12 个月之内用完。

（2）印刷后固体印版的储存

对于印刷后的固体印版储存温度为 4 ~ 38℃之间，远离热源和光源，远离臭氧源，用黑色 PE 膜封存，喷洒防护液。

5.1.2 数字化柔性版制版

数字化柔性版制版与传统柔印制版工艺的最大区别是不再需要胶片来传递图文信息，而是直接将数字图文信息成像在数码柔印版材上，这样可以大大提高网点的还原性和阶调再现范围，使柔印版印刷加网线数达 175 线／英寸，甚至更高，可以大大提高柔印质量。

数字柔印制版工艺主要包括激光成像直接制版方式和激光直接雕刻制版方式。

1）激光成像直接制版系统

激光直接成像是指利用激光直接成像设备，将图文信息直接曝光在数字柔性版材上，然后再对印版进行传统的制版处理，最后形成柔印版。

2）激光直接雕刻制版工艺

激光直接雕刻技术在柔印中应用主要体现在两个方面：激光雕刻陶瓷网纹辊和激光直接雕刻制版。激光直接雕刻制版是指数字信息通过输出控制系统发送至激光直接雕刻设备，雕刻时，发出的激光照射到柔版版材上，空白部分对应的版材由激光能量直接去除，雕刻下来的粒子由

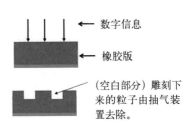

图 5-7　柔印激光直接雕刻制版工艺

抽气装置去除。余下的图文部分通过合成反应生成固化程度高的凸起网点，制得印版。

激光直接雕刻制版工艺，不需要背面曝光、主曝光、显影等设备，简化了制版工艺，缩短了时间，提高了工作效率，而且环保，能够降低能耗和温室气体的排放。

激光直接雕刻橡胶版是目前激光雕刻柔性版的主要形式。即可雕刻线条版，也可以雕刻层次版，其加网线数一般不超过 120lpi，主要用于纸张、塑料薄膜、不干胶标签和瓦楞纸板印刷。

5.1.3　数字柔印版的优点

简化了工艺，没有繁琐的准备工作；不用软片，实现了无软片直接制版；曝光时间与图文类型和网点密度无关；激光能量很小便可得到精细、清晰的印版；高光部的网点与实地部高度相等；可获得更细小的网点，更清晰的图文和更小的网点增大；曝光的不均匀性及烂点现象得到消除，因而可得到高质量印版。

5.2　柔性版印刷技术

5.2.1　柔性版印刷定义

柔性版印刷属于凸版印刷，原名叫"苯胺印刷"，因使用苯胺染料制成的挥发性油墨印刷而得名。由于苯是有毒的，而当时的苯胺印刷主要用于印制食品包装袋，应用范围受到很大的局限。又因为传统的印刷方法（如：凹版、平版、孔版印刷）都是根据印版的版面结构特点来命名的，只有苯胺印刷是以使用的油墨命名的，而且现在已不再使用苯胺染料，而改用不易褪色、耐光性强的染料或颜料代替苯胺染料，所以在 1952 年 10 月的美国第 14 届包装会议上，将苯胺印刷改称为"flexographic process"，意为可挠曲性印版印刷，我国也相应改称为柔性版印刷。

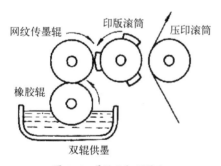

图 5-8　柔性版印刷墨路

由于柔性版印刷技术的不断发展和应用范围的日益广泛，美国柔性版印刷协会（FTA）1980 年对柔性版印刷做了如下的定义：柔性版印刷是一种直接轮转印刷方法，使用具有弹性的凸起图像印版，印版可粘固在可变重复长度的印版滚筒上，印版由一根雕刻了着墨孔的金属墨辊施墨（网纹传墨辊），由另一根墨辊或刮墨刀控制输墨量，可将液体或脂状油墨转印到承印材料上，图 5-8 为柔性版印刷墨路。

5.2.2　柔性版印刷的特点

柔性版印刷机一般采用网纹辊传墨，输墨控制灵敏度高，操作方便。柔性版印刷品色彩鲜明，广告性强，与凹版印刷相比，能以比较低的价格，较短的生产周期，生产出符合质量要求的印刷品。

柔性版采用预制感光版，这种版材有很好的分辨力，能制出 133 线／英寸、150 线／英寸的图像（目前包装印刷上常用是 100 ～ 120 线／英寸）。印版的耐印力能达到 50 ～ 100 万印。

随着多功能制版机的出现，制版时间大大缩短，制版设备投资也很少，非常适合批量小、品种杂的短版印件，符合我国目前的包装印刷需要。

柔性版印刷机采用金属网纹辊的短传墨系统，几乎 2 ~ 3 转就能达到印刷质量要求，印刷压力轻，不易使卷筒纸断裂，这样可以节约纸张，产生很好的经济效益。

柔性版印刷的油墨有醇基、水基、聚酰胺型、丙烯酸型、UV 型等。特别是水性油墨无污染，不影响健康，不会燃烧，符合当今环保要求。

5.2.3　柔性版印刷主要应用

柔性版印刷主要应用在标签、软包装、纸盒、纸杯硬包装、纸箱预印及书刊印刷等方面。

（1）标签印刷：主要应用于不干胶标签印刷，该类柔印机的功能齐全，几乎包含了柔印机的所有联线功能，如剥离复合、翻转、烫金、覆膜、上光、模切、排废、击凹凸、断张、分条、在线赋码等。

（2）软包装印刷：软包装类柔印机主要应用于纸类印刷的包装材料，如一次性医疗用品包装袋、茶叶包装纸、食品包装纸、无纺布等，如装备有电晕处理系统，还可印刷 BOPP、PET 等塑料薄膜。

（3）纸盒、纸杯印刷：主要应用于卡纸、单双 PE 纸的印刷，如纸杯、纸袋、食品包装盒、药品包装盒等。

（4）纸箱预印：主要应用于蒙牛、伊利、青岛啤酒等批量大的包装纸箱的预印。

（5）书刊印刷：正四反四印刷加轮转折页一次完成。

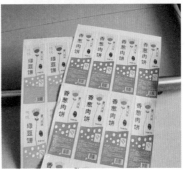

图 5-9　柔性版印刷品

5.3 柔性版印刷工艺

5.3.1 柔性版印刷机

1）柔性版印刷机组成

柔性版印刷机一般都是由开卷供料部、印刷部分、干燥冷却部、复卷部组成。

①开卷供料部：柔印机的输纸部分，其作用是使卷筒纸开卷、平整地进入印刷机组。当印刷机转速减慢或停机时，其张力足以消除纸上的皱纹并防止卷筒纸拖到地面上（如图5-10所示）。

②印刷部分：由印版滚筒、压印滚筒、输墨系统组成，如图5-11所示。

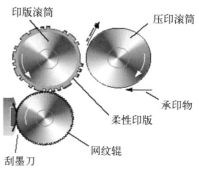

图 5-10 柔版印刷机   图 5-11 柔性版印刷部分组成

③干燥冷却部：为了避免未干油墨产生脏版和多色印刷时出现的混色现象，在各印刷机组之间和印后设有干燥装置，如图5-12所示。

④复卷部：柔印机的收卷部分，如图5-13所示。

图 5-12 柔印的干燥冷却部   图 5-13 柔印的复卷部

在现代柔性版印刷机中，除上述基本结构外，还有张力控制于横向纠偏装置、检测装置、自动调节和自动控制系统等。现代机组式柔印机还配备了连线复合、上光、烫印、压凸、贴磁条、模切、打孔、分切等印后加工装置。

2）柔印机的分类

柔性版印刷机大多使用卷筒式承印材料，采用轮转式印刷方式。

①按印刷幅面来分：以幅面宽度600mm为基准，可分为窄幅柔印机和宽幅柔印机。

②按印刷机组来分：机组式（图5-14）、层叠式（图5-15）、卫星式（图5-16）。

图 5-14 机组式柔印机　　　　图 5-15 层叠式柔印机　　　　图 5-16 卫星式柔印机

5.3.2 柔性版印刷工艺流程

柔性版印刷过程如下所示：

印前准备→贴版→上料卷→送纸→调整纠偏→合理选配网纹辊→上版辊→调节压力→上墨→压印→套准→张力控制→干燥系统→模切→分切→收卷。

1）印前准备

阅读印刷工艺要求；准备印刷所用的印版、印刷材料，并检查；检查设备；对机器进行调整。

2）贴版工艺：贴版胶带的作用是将感光树脂柔性版贴在版滚筒上。在柔性版印刷机上，印版需要事先粘贴到印版滚筒表面，然后再进行印刷。所以，印版在滚筒上的位置直接关系到印刷的质量。为了保证贴版的精度，多采用上版机。上版机的作用主要是保证每张印版在滚筒上的角度不歪斜，并保证同一套版中所有版在滚筒的横向位置一致。常用的上版机大致有三种类型：一种是最简单的，凭目测控制贴版的精度；另一种是带观察版边十字线的放大镜头的；第三种是上版机带有摄像头和显示屏，通过显示屏观察套准十字线的位置，达到精确控制贴版精度。

3）上料卷

上料卷之后，料卷的中心位置也就是印刷位置，因为贴版纠偏、模切、分节等都是以中心轴为基准的，被印材料应严格按照本台设备的送纸路线穿过各个导纸辊、穿纸后可开动机器让被印材料送纸平稳，调节张力，使被印材料受到一定的平稳张力控制，才能保证套印精度、调整纠偏，使材料在印机及印版中间位置，以确保纠偏动作的灵敏无误。

4）试印

当印前准备工作做完并符合要求后，就可进行试印，试印的过程如下：

①开动印刷机，把压印滚筒调到合压位置进行第一次试印。

②检查第一次试印的样张。检查套准的情况、印刷的位置，并进行调节，使达到正确的位置和套准精度。

③开动油墨泵进行给墨，并对其进行调整。

④开动印刷机进行第二次试印，印刷速度为正常速度的 1/2 ～ 1/3。

⑤检查第二次试印样张的色差等其他缺陷，并对其进行相应的调整。

5）正式印刷

当试印样张基本达到要求后，根据各个公司的要求找相关人员进行检查、签样。签样后就可以进行正常的印刷了，这时候印刷机的速度要慢慢提升，且要注意墨色的变化，以便做到及时调整。

在印刷过程中要注意：

①调节压力:柔性版印刷压力的调节,是产品质量的关键步骤,直接影响印品的精美好坏,印版辊与压印辊之间的间距是一样的,可选用 2.08mm(1.7 印版 +0.38 双面胶带)厚度的标准塞尺,使两端各自的塞尺拉动阻力相同,此时的间距就是印刷最理想的压力值(但是在实际生产中,需要操作人员的仔细微调,那就需要技术人员的实际经验来获得最佳的压力值)。

在机器慢速运行下,从第一色组开始合压,首先检查网纹辊对版辊的传墨情况,可通过两端的压力系统调至最佳的效果,两辊之间的压力以轻为好,有利于正常传墨,保证图文影像质量和保护印版不受损。其次进行版辊和压力辊的粗调压力,观察其转印情况,材料表面印刷的清晰程度,是转印压力正确与否的印证(注意:这一关键步骤可以根据技术人员的经验调整)。必须克服柔性版印刷压力过大的特点,此为印版的关键所在。

②控制张力:在印刷过程中由张力控制器来控制印刷张力的恒定,是套印准确的关键,所以,张力控制系统是任何卷筒印刷机的一个重要机构,它在很大程度上决定印品的套印准度,张力控制的大小应视材料的厚薄、质料宽窄来决定。被印材料越厚,张力值越大;反之,张力值越小。如印薄材料张力值要求更高,因为要顾及被印材料起皱拉伸、变形等问题,一般情况下合适的张力调节是以多色“十字规线”全部套准,不来回“移动”为标准,如果印刷时“十字线”套印不稳定,可适当调整放卷和收卷的张力,使各色组“十字线”套准稳定为止。当然印刷时低速、中速、高速情况下张力值是不完全相同的,建议在正常的速度下微调张力值为好,印刷过程中经常出现“走位”现象,人们习惯去寻找设备、材料等印刷工具的原因。其实不然,影响套印精度的,往往为张力不适。如果能够仔细调整张力,一般情况下,套印不准可以迎刃而解。

③水性油墨的 pH 值和黏度的调整:在印刷过程中有效地控制水性油墨的 pH 值和黏度,是保证印品质量的主要操作步骤。水性油墨的 pH 值在 8.5 左右,在此值时,油墨相对比较稳定,但是在实际生产中随着温度的上升及水墨中氨类的挥发,pH 值会发生变化,影响油墨的印刷适性。对此可添加少量的稳定剂控制 pH 值,在正常的印刷中通常要求每半个小时加 5ml 的稳定剂,并将其搅拌均匀,基本上油黑可以保证较稳定的印刷适性,不可随意添加稳定剂,否则会适得其反,各种印刷缺陷随之而产生。

水性油墨的黏度是决定油墨的传递性能、印刷牢固度、渗透量和光泽的主要因素。水墨黏度太高,色彩就越暗,油墨损耗大,干燥程度减慢,黏度太低色彩发生变化,网点扩大而导致产品质量下降。

印刷层次版与满版时,水性油墨黏度有所不同。一般层次版水性油墨黏度应略低。印刷时,机器的速度也对水性油墨黏度有影响。印速高时,水性油墨黏度低一些,而印速低速时水性油墨的黏度就高些。

项目小结

通过本项目的学习,使学生掌握凸版印刷、柔性版印刷基本内容,掌握柔性版印刷概念、特点、应用、柔性版制版工艺、柔性版印刷工艺等。

课后练习

1)柔性版印刷特点是什么?

2)柔性版制版包括哪些方法?

3)柔印常见印刷品包括哪些?

4)简述数字柔印版优点。

5)简述柔印工艺流程。

项目六　丝网印刷技术

项目任务

1）熟悉丝网制版技术；

2）掌握丝网印刷技术；

3）掌握丝网印刷设备及工艺。

重点与难点

1）丝网制版；

2）丝网工艺。

建议学时

6学时。

丝网印刷是一种古老的印刷方法，它属于网（孔）版印刷，与胶印、凸印、凹印一起被称为四大传统印刷。它是将丝网（尼龙、涤纶或不锈钢金属丝网等）绷在网框上，使其张紧固定，采用手工刻漆膜或光化学制版的方法制作丝网印版。

丝网印刷是网版印刷中应用最广泛的印刷方法，也被称作叫万能印刷，其承印物的范围非常广泛，具有很大的灵活性和广泛的适应性。丝网印刷的产品在我们日常生活中到处可见，例如：印刷电路板、纺织印染、陶瓷、玻璃、包装装潢、广告招贴、丝网版画等都大量采用丝网印刷，如图6-1所示。

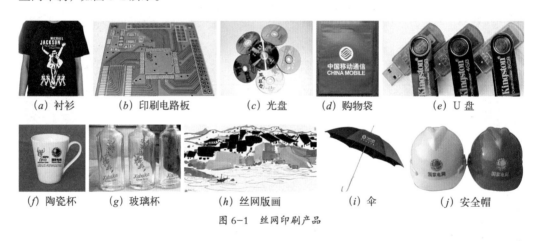

(a) 衬衫　　(b) 印刷电路板　　(c) 光盘　　(d) 购物袋　　(e) U盘

(f) 陶瓷杯　　(g) 玻璃杯　　(h) 丝网版画　　(i) 伞　　(j) 安全帽

图6-1　丝网印刷产品

6.1　丝网制版技术

网版是网印的基础，网版制作是网印的重要工序。丝网版的版面由网孔和网丝组成，印刷时网孔漏油墨形成图文部分，网丝堵油墨形成空白部分。网印过程中，要确保印品的质量，首先就要具备好的印刷网版。根据制版工艺，网版的制作方法主要分为手工制版法、传统感光制版法、电子制版法、感光腐蚀法、数字直接成像法等；根据版膜与丝网的关系可分为直接法、间接法和混合法制版。目前应用最多的感光制版中的直接制版法，计算机直接制丝网版（CTS）在丝网印刷中应用也越来越多。

6.1.1　直接感光制版法

直接感光制版是在丝网上涂布一定厚度的感光胶，然后干燥，在丝网上形成感光膜。将阳图胶片密合在丝网感光膜上，在晒版机中曝光，曝光时图文部分遮光，感光膜不发生化学变化，非图文部分见光，其感光膜产生交联固化并与丝网牢固结合成版膜。未感光部分经显影冲洗形成通孔，而见光的感光胶存留下来，堵住网孔，制得印版。

具体工艺流程是：

准备网版→涂布感光胶→干燥→晒版曝光→显影→干燥→修版

①准备网版：无论是新购网版还是再生版，在涂布感光胶之前都要将丝网进行一些处理，主要目的是防止污物、灰尘、油脂等带来感光膜层的缩孔，砂眼，图像断线感光胶脱落等情况发生。常见的处理步骤为脱脂剂清洗、冲水清洗、脱水、干燥等。市面上常用的脱膜剂有很多种，性能有优劣，其主要成分为20%的苛性钠水溶液，效果较好。当然还有一种，就是

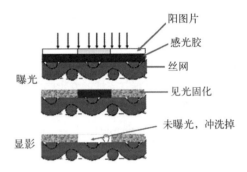

图6-2　直接感光制版

使用中性或弱碱性的洗衣粉充当脱膜剂。在条件允许的情况下，最好选用脱脂效果好、能改善感光液对丝网润滑性的脱膜剂，提高感光胶与丝网的结合度。

②涂布感光胶：常见的直接感光制版法涂布方式有刮斗法及旋转法。在这里提出的是由于旋转法自身的一些缺陷，致使使用最多的是刮斗法，影响刮斗法涂布质量的因素主要有刮斗槽边缘的平整度、涂布角度、涂布力度、涂布速度、涂布次数等。如果刮槽边缘不平整或有伤口，那么膜层会出现条痕或厚度不均的现象，造成印刷品出现毛刺或墨层厚度不均匀，偏色等情况。涂布角度是指涂布时，网版放置的倾斜角度，一般为80°～90°，角度太大或太小会造成前后网版脱膜层厚度不相等。丝网有一定的弹性张力，涂布时使用的力度也会造成涂布层厚度不同，左右双手使用相同的力度，速度平缓地涂布。速度过快，容易产生气泡，从而形成针孔；过慢又会造成涂布层出现线条，因此在涂布时需要有一定的经验。根据印件的具体情况，决定涂布的次数，才能达到理想的效果。可在网版的凹面往返涂布1~2次，能减轻刮刀对丝网的磨损，提高印版耐印力。

③感光膜干燥：涂布和干燥感光膜都应该在黄色安全灯下进行，使用热风干燥感光，要注意控制温度。

④晒版曝光：将软片的药膜面贴于干燥的、没有灰尘的、涂有感光膜的网版的适当位置，在晒版机上曝光。曝光是制版过程中最为关键的一步，直接影响到制版的质量。曝光的原理就是感光制版的原理，通俗地讲，就是非图文部分硬化形成版膜，图文部分未见光，显影冲洗掉透墨。曝光条件直接影响着网版的质量，曝光条件要依照乳剂的种类、涂布感光的厚度，光源的种类、光源距药膜面的距离、曝光时间等决定。事实上在曝光过程中，能控制的就只有曝光时间，因此在专业的印刷公司中，应预先进行试晒，求出合适的数据，然后控制其他

条件根据数据进行实际作业。不管怎样,曝光过度或不足都会引起感光胶边缘的粗化,影响印件的尺寸和清晰度。

⑤显影:把曝光后的印版浸入水中1～2分钟,不停地晃动网框,待未感光部分(图文部分)吸水膨润后,用水冲洗即可显影,在能显透的前提下,显影时间越短越好,尽量在短时间内完成,时间过长,膜层湿,膨胀严重影响图像清晰度。

⑥干燥:显影后的丝网版放在干燥箱内,温风吹干。

6.1.2 计算机直接制丝网版(CTS)

1. CTS系统基本组成及工作流程

CTS系统中最重要的设备就是网版成像输出设备,所以一般系统名称都是根据输出设备的名称来定的。CTS系统的组成基本上和DTP系统组成差不多,但输出设备却有很大的不同。通常CTS系统由以下几个部分组成:

(1)图文输入部分:这部分将原稿数字化以及输入各种数字化文件。

(2)图文处理及排版部分:CTS和DTP一样也是使用传统的图像处理软件、图形处理软件及排版软件,如Photoshop、Freehand、Coreldraw、Illustrator以及Pagemaker等软件来处理图像、分色、排版。

(3)RIP:同胶印一样,CTS的RIP就是将各种图文文件及PostScript文件进行解释,让网版输出设备能够理解,并控制网版输出设备工作。CTS同样可以接受各种设计软件文件及EPS和PS文件,并能把这些文件信息转换成分色色版的网点。

(4)打样设备:同胶印一样,CTS工艺也需要在正式输出之前打样进行版面检查。打样设备可以采用喷墨打印机,也可以使用专用的打样设备。

(5)输出设备:网版输出设备是CTS的重点也是难点,国内CTS少的一个主要原因就是网版输出设备的价格太高而国内又没有相应的生产技术。输出设备的工作原理基本上有两大类:一类是激光曝光设备,通过激光光点在涂好的网版上曝光硬化,然后显影,让未见光部分网孔穿透,这种输出设备的输出分辨率较高。另一类是喷墨类输出设备,通过输出设备喷出的高阻光能力的油墨在涂好感光胶的网版上,然后整版全曝光,阻光的点子覆盖着感光胶因未见光而被冲洗掉,露出网孔,其输出分辨率相对较低,在300～600dpi。

2. CTS系统简单的工作流程

(1)数字化设备:扫描仪或数码相机,用来生成数字图像;

(2)在图像处理软件中进行图像处理及校色、分色工作,生成CMYK四色图像或专色图像;

(3)在图形软件或组版软件中进行图形制作、图文混排并生成最后的输入大版文件;

(4)RIP接受排版文件对各要素进行解释,生成页面点阵图像并控制输出设备输出丝网的网版图像;

(5)曝光、显影,形成丝印版。

3. CTS的工艺优势

数字成像速度的提高和投资成本的减少,使传统丝网印刷厂有足够的理由制定严格的成本削减计划，以及实施有效的改进措施，削减力度最大的地方是改进印前制版工艺。CTS 网印计算机直接制版具有如下优点：

①减少制版工序，将传统工作流程的 17 个步骤，缩短为 CTS 工作流程的 7 个步骤，达到快速制版的目的。

②节省软片，由于无需软片，从而防止软片磨损及网点层次损失产生质量问题。

③对多色网印时可以自动进行网版定位。

④该喷墨涂料无需专用感光胶，通常用的感光胶都适用。

⑤适应各种目数的丝网版。

⑥对各种网框、铝合金框、木框都可以用。

6.2 丝网印刷技术

6.2.1 丝网印刷的原理、特点及应用

1. 丝网印刷的原理

丝网印刷属于直接印刷，其工作原理如图 6-3（a）所示。丝网印刷的图文部分是由大小相同但数量不等的网孔组成，而非图文部分的网孔被堵死（图 6-3（b）），印刷时不能透过油墨，在承印物上形成空白；印版上图文部分的网孔不封闭，印刷时，在压力的作用下，油墨透过网孔印刷到承印物表面，在承印物上形成所需要的图文印迹，完成印刷过程。

2. 丝网印刷的特点

（1）墨层厚实、覆盖力强

胶印的墨层厚度只有几微米，凹印为 $12\mu m$ 左右，柔印为 $10\mu m$ 左右，而丝网印刷的墨层厚度远远超过了上述墨层的厚度，可达 $30 \sim 100\mu m$。丝网印刷墨层厚，图文立体感强，是其他印刷方式无法比的。

（2）油墨的适应性强

其他印刷对油墨都有较高的要求，一般要求分布均匀、颗粒极细、流动性好等，而丝网印刷虽然油墨质量好也是提高印品质量的重要条件，但由于它采用的是漏印方式，相对来说对油墨的要求不特别严格，液状油墨、粉状油墨、水性油墨、油性油墨、胶印油墨、凸印油墨、凹印油墨等都可以使用。

（3）版面柔软、印压小

丝网印版柔软而富有弹性，印刷压力小，所以，不仅能够在纸张、纺织品等柔软的材料

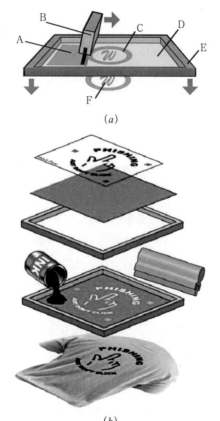

图 6-3 丝网印刷原理

上进行印刷，而且还能在易损坏的玻璃、陶瓷等承印物上直接印刷。

（4）对承印物的适应性广

丝网印刷号称万能印刷，除了水和空气以外，可在所有承印物上印刷，这虽然有些夸张，但丝网印刷适印性广是不争的事实。丝网印刷不受承印物种类、形状、尺寸和表面材质的限制，它可在各种材质（如纸张、织物、木材、金属、玻璃、陶瓷、皮革、硬质塑料、软包装塑料、塑料编织袋等）的承印物上进行印刷（如表 6-1 所示），并且不拘于各种形状、大小，如在平面上、曲面上、球面上、超大幅面、小幅面的承印物上均能印刷。

丝网印刷适用的范围　　　　　　　　　　　　　　　表 6-1

纸及纸制品	画刊、广告、商标、日历、纸品包装、建材用装饰纸等
塑料	塑料薄膜、容器、标盘等
木制品	木质工艺品、木质体育用品、工业用品、标牌
金属	金属板、金属制品
玻璃	玻璃板、玻璃制品（如镜子、杯子等）
棉纤制品	旗帜、衣物（背心、汗衫、毛巾、手帕等）、袋子
板基	印刷电路板
陶瓷	陶瓷制品

（5）耐光性强

由于丝印油墨只要能透过丝网网孔即可，因此，它可以通过简单的方法把耐光性颜料、荧光颜料放入油墨中，使印刷品的图文永久保持光泽而不受气温和日光的影响，甚至可以在夜间发光。正是因为这个，丝印产品更适合做室外广告、标牌。

（6）丝网印刷因制版和印刷方法简便，所以整个生产流程都可以采用手工操作，因此丝网印刷的设备投资少、成本低、易于操作，在小批量生产中经济效益好；但手工生产的印刷速度慢、生产效率低。

3. 丝网印刷的应用

丝网印刷的应用范围非常广泛，任何一种物体都可以作为承印物。我国应用丝网印刷最广泛的是电子工业、陶瓷贴花工业、纺织印染行业、广告、大型招贴画等，如表 6-2 所示。

丝印用途　　　　　　　　　　　　　　　表 6-2

分类	名称
商业	海报、旗帜、广告牌、购货广告、招牌等
生活用品	玩具、文具、皮包、汗衫、化妆品、瓶、钟表、壁纸、漆器、陶瓷器、玻璃器皿等
工业	计算器的刻度、电路板、后膜集成电路、液晶显示器等

6.3　丝网印刷工艺

6.3.1　丝网印刷设备

1.丝网印刷机的种类

丝网印刷是一种应用范围很广的印刷方式，其印刷机的种类也较多，可按其自动化程度、印机色数、承印物的类型、网版形状、印刷台及承印物的形状来分：

（1）按其自动化程度分为手工丝网印刷机、半自动丝网印刷机和全自动丝网印刷机。

①手动丝网印刷机

手动印刷过程的各种动作，如上下工件、刮墨、回墨、网框抬落等完全依靠手工作业。可分为手动丝印机，精密型手动丝网印刷机，多色套印手动丝网印刷机，如图 6-4 所示。

②半自动丝网印刷机

在手动丝网印刷机的基础上，将印刷时的各基本动作，如刮墨与回墨的往复运动、承印装置的升降、网框的起落、印件的吸附与套准、空张控制等，按固定程序由一定的机构自动完成，仅上下工件由手工进行，这就是我们通常所说的半自动丝网印刷机，如图 6-5 所示。

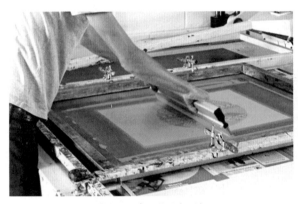

图 6-4　手工丝网印刷机

图 6-5　半自动丝网印刷机

③全自动丝网印刷机

全自动丝网印刷机是具有自动输纸（料）、自动印刷，自动烘干和自动收纸（料）的丝印机。印速可达 5000 印/小时以上，适合较大批量的连续丝网印刷，能保证印品质量的稳定，如图 6-6 所示。

（2）按印刷色数分，有单色印刷机和多色印刷机，如图 6-7 和图 6-11 所示。

（3）按承印物的形状分，有平面丝网印刷机和曲面丝网印刷机。

①平面丝网印刷机：平面丝网印刷机是指在平面上进行印刷，其承印物为平面状，可以是单张的，也可以是卷筒的，如图 6-7 所示。

图 6-6　全自动丝网印刷机

②曲面丝网印刷机：曲面丝网印刷机是指在曲面上进行印刷，即其承印物为曲面状，如图 6-8 所示。它能在圆柱面、圆锥面、椭圆面、球面的塑料容器、玻璃器皿和金属罐等物上进行直接印刷，在工作台上附有可调换的附件，以适应不同形状的表面印刷。曲面丝网印刷机同样有手动、半自动、自动的三种。

（4）按网版及印刷台的形式分，有平网丝网印刷机和圆网机。

①平网丝网印刷机：平网丝网印刷机的网版为平面形的网印刷机，其为往复间歇式运动，限制了印刷速度。可分为：水平升降式、斜臂式、移动式、印刷台倾斜水平滑动式、印刷台扇形开合式、印刷台旋转式、滚筒式等，如图 6-7 所示。按其承印物的形状又可分为平网平面丝网印刷机和平网曲面丝网印刷机。

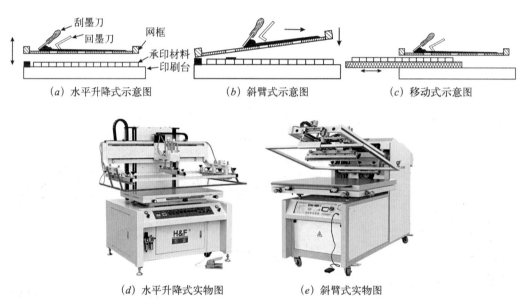

（a）水平升降式示意图   （b）斜臂式示意图   （c）移动式示意图

（d）水平升降式实物图   （e）斜臂式实物图

图 6-7   平网印刷机

A. 平网平面丝网印刷机

平网平面丝网印刷机是用平面丝网版在平面承印物上印刷的方法，印刷时，印版固定，刮墨刀移动，如图 6-7 所示。

B. 平网曲面丝网印刷机

平网曲面丝网印刷是平面丝网印版在曲面承印物（如球、圆柱、圆柱体等）上进行印刷的方法。印刷时，刮墨刀固定，印版沿水平方向移动，承印物随印版转动，如图 6-8 所示。

②圆网机：圆网机的印版是圆筒形的金属丝网，橡皮刮墨刀被固定在丝网中，印刷时承印物和圆筒丝网版同步运动，油墨从印版的孔中不断地被刮印到承印物的表面，形成印刷品，这种印刷主要用于对卷曲的织物、金属箔和纸张等的印刷。按承印物的形状分为圆网平面丝网印刷机和圆网曲面丝网印刷机。

2. 丝网印刷机的主要机构

随着技术的发展，现代丝网印刷机的结构变得越来越复杂。一般的丝网印刷机由传动装

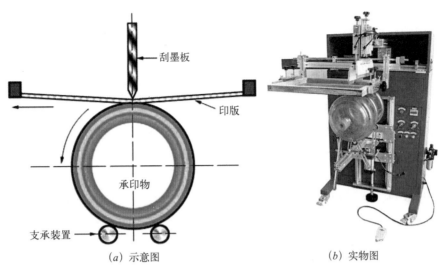

(a) 示意图　　　　　　　(b) 实物图

图 6-8　平网曲面丝网印刷

置、印版装置、印刷装置、支承装置、对版机构、干燥装置和电气控制装置等构成。

（1）传动装置：主要包括电机、液压机构、调速机构、链传动机构、齿轮传动机构等。传动机构的主要功能是向各运动部件传递动力，使各部件按照设计要求完成各项运动和动作。

（2）印版装置：主要包括网版固定机构、网版调整机构、网版升降机构等，如图 6-9（a）所示。其主要的功能是固定丝网网版，实现对版要求。

（3）印刷装置：主要包括刮板（刮印和回墨）安装和调整机构、刮板往返传递机构、刮板压力及角度调整机构，如图 6-9（b）所示。其主要的功能是实现印刷和回墨。

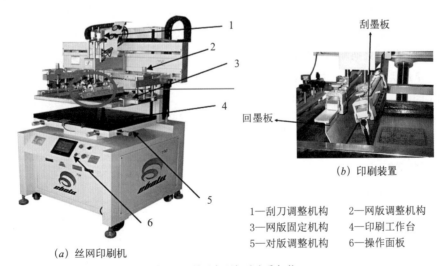

(a) 丝网印刷机

(b) 印刷装置

1—刮刀调整机构　　2—网版调整机构
3—网版固定机构　　4—印刷工作台
5—对版调整机构　　6—操作面板

图 6-9　丝网印刷机的主要机构

（4）支承装置：支承装置即承印平台，主要由印刷工作台和对版调整机构组成，如图 6-9（a）所示。它的主要作用是固定并支撑承印物。承印平台应具有较高的平面度，并能保证套印重复精度；承印平台上应具有印件定位装置；为适应不同厚度的承印物和保持一定的网版距，平台的高度应可调整；为对版方便，承印平台在水平方向应可调节。

（5）干燥装置：现代自动的丝网印刷机必须根据油墨的性质配备相应的干燥装置。

（6）电气控制装置：主要的作用是对印刷往复行程进行控制，对供气和气压装置进行控制。

电气控制装置一般具备三种控制功能：

①工作循环控制：如点动、单次循环、连续循环等。

②负压控制：如真空吸附装置的断续吸气、不吸气的控制。

③每一个工作循环的刮板位置控制：如封网、不封网的控制。

6.3.2 丝网印刷工艺流程

丝网印刷有平面和曲面之分，印刷方法有手工印刷与机械印刷之分，下面就以平面丝网印刷为例介绍丝网印刷工艺流程。

丝网印刷的工艺流程为：印刷前的准备→安装刮板及油墨调配→装版→试印刷→正式印刷→印品干燥。

1.印刷前的准备

丝网印刷印前准备是必不可少的一个环节，准备情况的好坏直接关系到产品质量。印前准备主要包括丝网印版的质量检查、印刷材料的准备、车间环境清洁、车间温度和湿度调节等环节。

（1）接到生产任务通知单后，认真阅读生产通知单，并根据生产需求准备相应的网版；上版所需要的辅助材料：油墨、洗网水、稀释剂、擦机布；工具：墨铲、叉口扳手、内六角扳手等。

（2）此次生产任务所使用的网版，如果是以前用过的网版，应检查网版上图案的使用情况。如果网版上有小孔、针眼，但不在印刷图案上，不影响印刷时，可用封网胶封住；若图案缺损严重，则应更换新的网版；新制作的网版要先检查网版上的内容：文字、图案是否与原样（签字确认样）相符，如不相符，则要及时上报上级领导。

（3）同时，副操作手做好班前10分钟的5s工作，开动机器，做好设备点检，与上道工序做好半成品交接记录，把生产用的原材辅料运送到生产现场。

2.安装刮板及油墨调配

1）安装刮板

丝网印刷的刮板包括刮墨板、回墨板，如图6-10所示。

刮墨板的材质是由天然橡胶、硅橡胶等制成，它们具有良好的弹性、耐磨性。在印刷时，要根据油墨溶剂的类型选择具有良好耐油墨溶剂的刮板，以避免油墨溶剂对刮板的腐蚀，同时根据承印物的形状、印刷图案宽度选择刮板的形状和长度。刮墨板的长度一般比所印图像的两边各长出20~50mm，回墨板的长度应宽于刮墨板的长度，两端应向前微弯，以起收拢网面油墨的作用。

刮板选好以后，可采用卡夹固定刮板（包括刮墨板、回墨板），并根据所要求的膜层厚度，调整刮墨板的刮墨角度。

图 6-10　刮板的安装

2）调配油墨

开印前，所用的油墨应具有良好的应用和印刷适性，必要时需做适当的调配。

通常出厂的丝印油墨，其黏度稍大，不能满足丝印要求，所以应根据印刷图像的特点、丝网目数、印速、车间温度、承印物的种类和印刷要求等，选择适用的油墨，使用适当的溶剂、稀释剂、表面活性剂及撤黏剂等，对油墨的黏度、表面张力、流动性及干燥速度等进行综合调整。调配油墨的搅拌方法有手工调拌法和机械搅拌法，其目的都是为了使油墨达到印刷要求的黏度和印刷适性。

3. 网版安装及承印物的定位

1）贴版

①新绷的网版，要在丝网版面的印刷面粘贴胶带，贴的胶带与网板之间不能有缝隙，要严密贴合，防止油墨渗漏，特别是版框和丝网接触的边缘部分和感光胶覆盖不到的地方，版框上贴有丝网的那面也要粘贴胶带，用于保护绷网胶。

②用硬废纸片裁成 3 ~ 5cm 的宽度，贴在图案周边用于储墨。

③三个定位规矩上方的网版上要贴上胶带，防止定位刀片顶破网版。

2）上版定位

①将网版放在机器的中间，用网版夹固定并拧紧紧版螺丝。调节网版，使网版与印刷平台平行，防止网版歪斜，保证印刷过程中网距一致。

②将印刷平台上对版机构的调节螺丝恢复到初始状态，方便正式印刷时套印不准的调整。

③把确定好印刷位置的样品或贴有菲林片的纸张放在印刷台面上，贴上延伸纸条。

④按网版键，放下网版，通过拖动延伸纸条使样品或菲林片上的图案与网版上的图案对应起来，并打开吸风机（长吸风）吸住纸张，抬起网版。

⑤抬起网版，把干净整洁的定位刀片用 502 胶水粘在印刷纸张的两个印刷规矩边上，要紧贴规矩边，并且要保证不歪斜，无缝隙，其中前规两个，侧规一个。

⑥旧机器上版时要将操作开关调到手动状态,然后配合启动,出、入、上、下、刮刀下、连续吸风灯开关,完成所有上版动作。

3)调整印刷行程

①新丝网印刷机,先把感应开关向图案中间调节,防止猛然转动碰到前后版夹。按印刷键,再做相应的前后调整。

②旧机器调节行程时要配合调节印刷连杆上的两个螺丝作前后移动,调节时要有耐心,不可一次调节过大。

③印刷行程停前点,要以回墨刀走出图案为准,停后点刮墨刀走出图案为准。

4)调节网距

①按网距键,落下网版(用12号叉口扳手),松开后面两个紧固螺帽,用10号的内六角调节网距的高低。印刷小字、小面积图案,网距不高于5cm,可用5号的内六角塞到网版下调节,因为有一侧高,另一侧就会降低,所以调节时要多次测试,前面的网距要用5号的内六角调节到与后面的高度相一致为止。

②印刷大面积图案的网距应在7mm左右,也就是6号内六角的高度,调节方法与①相同。完成调节后,再确认一遍拧紧所有螺丝。

5)调节两墨刀压力

①当机器处在升起状态,回墨刀的压力以刀口刚接触到网版即可。

②把机器调到落下状态,调节刮墨刀压力,使刮墨刀落下与印刷平台接触,如有缝隙应慢慢加大压力,直到无缝隙为止。

6)刮刀规矩确认

①用刀片将定位刀片周围多余的502胶清除掉,尤其是和纸张接触的一侧,一定要干净彻底。

②把定位用的样品或贴有菲林片的纸张拿来放在三个规矩上,落下网版,调节三个调节螺丝,使印刷内容与网版内容准确套合,调试完毕后准备生产。

4. 试印刷

试印刷也称校正印刷或校样印刷,每次开印前都应试印。在试印时,当加墨印刷到第三张时停机,将印样与原样对比。在试印样上检查图像的再现性及色调情况,观察有无缺印、漏印、渗墨、露白等问题,如有要找出原因及时调整,直到得到满意的印刷品,便可以开始正式印刷。

对于多色套印,在第一色版印样检查合格后,应在印刷台上画出装版的位置记号,记下网距尺寸。正式开印后再抽出最符合标准的样张作为"校版样",并在校版样上精确绘出挡规的标线,作为挡规万一移动时的参考。校版样在每换一次色版、装版和校版时都要使用,故应妥善保存。如果正式印品上不允许留有"十"字规距线和色块等,应在试印后就抽留校版样,随后把网版上的这些内容用胶带封除。

5. 正式印刷

通过试印刷得到符合质量要求的印刷品后,就开始正式印刷。在印刷过程中出现问题,洗过版后要用干净的过版纸把版上的洗网水吸干净才可进行正式印刷。

印刷结束时要确认印刷数量,并查找车间内有无遗留的半成品,确认没有后再卸版。并把版上剩余的油墨清理到墨桶中,用洗网水清洗网版,不得留有残墨,以免残墨干固堵死网孔,或再印时损失细部,或使丝网不能回收。同时将刮墨刀、回墨刀擦洗干净,以便下次使用,并把油墨放到原材料架上面。

6.印品干燥

丝网印刷的干燥方法有很多,通常采用自然干燥、加热干燥、电子束照射干燥、微波干燥、紫外线干燥、红外线干燥等。在实际生产中采用哪种干燥方式是根据油墨、设备、场地等情况来确定的。

6.3.3 网版印刷实例分析

现在年轻人都喜欢穿着印有流行图案的 T 恤衫,以及无纺布购物袋的广泛使用,因此我们网版印刷的实例就是通过手工丝网印刷在 T 恤衫和无纺布购物袋上印刷个性图案,通过印制 T 恤衫和无纺布购物袋的练习,掌握丝网印刷的基本流程和基本原理。

1.印刷前的准备

(1)在印刷之前,根据生产需求准备相应的网版,以及其他所需要的辅助材料:油墨、洗网水、手工刮墨刀、取墨铲、洗网布、贴版胶带等等,如图 6-11 所示。

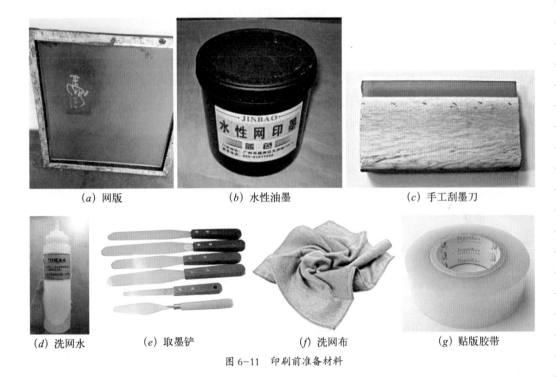

| (a) 网版 | (b) 水性油墨 | (c) 手工刮墨刀 |

| (d) 洗网水 | (e) 取墨铲 | (f) 洗网布 | (g) 贴版胶带 |

图 6-11 印刷前准备材料

(2)检查印版的质量。此次生产任务所使用的网版,如果是以前用过的网版,应检查网版上图案的使用情况。如果网版上有小孔、针眼,但不在印刷图案上,不影响印刷时,可用封网胶封住;若图案缺损严重,则应更换新的网版;新制作的网版要先检查网板上的内容、文字、图案是否与原样相符。

2. 刮板选用及油墨调配

由于是 T 恤衫纺织品印刷,所以我们选用绿色环保的水性油墨印刷,根据水性油墨的类型和印刷图案的宽度选择相应的刮板长度和形状。

由于水性油墨在网版印刷中的使用也越来越多,要想印刷出比较满意的产品,就需要在使用和调配水性油墨的过程中注意以下几点:

(1)由于水性油墨为纯水性体系,因此使用中要注意不要将水性油墨与醇性油墨和溶剂型油墨混合使用或在墨中加入有机溶剂,以免出现印刷质量问题。

(2)注意水性油墨的控制指标。水性油墨的控制指标主要有细度、黏度、pH 值和干燥速度等,它们对油墨的应用效果起决定性作用。在网版印刷中,要特别注意控制水性油墨的黏度、流动性、触变性和可塑性等。

(3)一般情况下,水性油墨极适用于高速印刷,低速印刷时若遇到干燥速度太快或印刷效果不佳的情况,可添加一定比例的慢干剂。

(4)用水性油墨时,应将其搅拌均匀,测量黏度合适后可用于印刷,若黏度不合适,可用稀释剂或增稠剂进行调节,并注意控制油墨的 pH 值,一般掌握在 8.5 ~ 9.5 之间。印刷过程中,由于水的挥发,水墨黏度会升高,pH 值下降,所以要经常观察油墨的使用情况,发现油墨黏度升高或 pH 超出控制范围时,应及时采用稀释剂和 pH 稳定剂进行调节,以保证黏度和 pH 值的稳定。

(5)印刷完毕后应将剩余水墨收回相应的原装桶或将墨槽的盖子盖严,以备下次再用。防止水墨表面结膜、变稠甚至变干。水性油墨宜存放在通风阴凉的室内,室温控制在 5 ~ 45℃。

(6)印刷后残留在印刷设备上的油墨在其未完全干燥时可用清水冲洗,无法用清水洗净的墨可用清洗剂进行清洗,但丝网版上残留的油墨不能用清水冲洗。

(7)水墨的印刷适性受印刷条件、承印物表面特性、环境温湿度、存放时间长短等客观条件的影响,因此,在使用时需要用一些助剂对水墨做细微调整以获得最佳的印刷效果。水性油墨中常用的助剂有色料、pH 值稳定剂、慢干剂、消泡剂、冲淡剂等,印刷中要熟悉助剂的特点和使用方法。

3. 装版

(1)贴版

根据图案大小分别给网版和网框边贴胶带,如图 6-12 所示。

(2)网版安装

手工丝网印刷的印版一般用合页固定在台上,如图 6-13 所示。

在丝网版安装的过程中,确定印版面与印版台面水平位置,调整丝网版平面与承印物的平行度,并确定丝网印版和承印物的间隙(如图 6-14 和图 6-15 所示)。网距的大小对印刷质量影响很大:网距过小,刮墨板通过后不利于网版脱离承印物表面,容易产生渗透和粘版现象,使图文线变粗,网点变大,甚至脏版;网距过大,网版因弹性疲劳而松弛,影响图文精度,甚至损坏印版。因此,应保证印版与承印物之间在压印时处于线接触状态的前提下尽量减小网距,一般情况为 3 ~ 5mm。

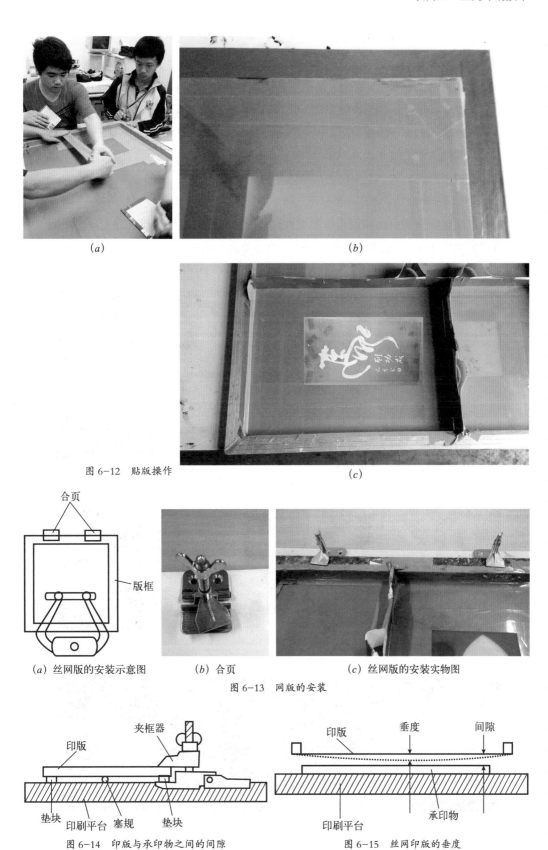

(a)　　　　　　　　　　　　　　　　(b)

图 6-12　贴版操作

(c)

(a)　丝网版的安装示意图　　　　(b)　合页　　　　　(c)　丝网版的安装实物图

图 6-13　网版的安装

图 6-14　印版与承印物之间的间隙　　　　图 6-15　丝网印版的垂度

4. 印刷

丝网版安装完成并调整好网距后,就可以加墨开始印刷,但在正式印刷之前,要先试印刷。

将油墨调配好后均匀地倒在网版的图像处,使网版的印刷区覆盖一层均匀的油墨,如图6-16所示。为了保证质量好、整洁平整,下面平铺白纸,然后将T恤衫或无纺布购物袋平铺在印刷平台上,用刮板匀称的用力将油墨在网板上刮开,刮板压力和刮印角度要适当。如图6-17和图6-18分别为T恤衫或无纺布印刷。

在印刷过程中要检查,要先检查印品质量,观察有无缺印、漏印、渗墨、色差等问题,如有要找出原因及时改正。待印刷质量稳定后,就可以开始批量印刷。

对印刷质量要求高的,印刷操作者要做到每印完一件都要仔细检查有无质量问题。对规矩位置要求严格的产品还要加大自检频率,每500张与原样对比一次,检查有无色差,每1000张做套印试验,检查规矩是否一致。

(a) 调配油墨　　　　　　　　　　　(b) 加放油墨

图6-16　油墨调配及加放

(a) 印刷　　　　　　　(b) 完成刮印　　　　　　(c) 印刷完成

图6-17　T恤衫

(a) 放承印物　　　(b) 定位　　　(c) 印刷　　　(d) 印刷完成

图6-18　无纺布购物袋

5. 干燥

对印刷完成的每件 T 恤衫或购物袋，将其悬挂或摊开放置在通风处，采用自然晾干的方式使其干燥，如图 6-19 所示。

图 6-20 和图 6-21 所示为印刷完成后的成品。

6. 印刷结束

印刷结束后，把印版上剩余的油墨清理到墨桶中，用洗网水清洗干净并烘干以备用。

洗版时，可将印版放于专用洗网架上，将洗网水倒在抹布上，用布擦洗残墨，如图 6-23 所示。注意网版两面要彻底清洗。最后用棉纱布沾洗网水再擦洗图像部位，直到彻底通透。

图 6-19　衣服晾干

由于采用的是水性油墨，所以刮墨刀可以采用水洗，但网版决不能用水洗，否则很容易损坏网版，使丝网不能回收备用。

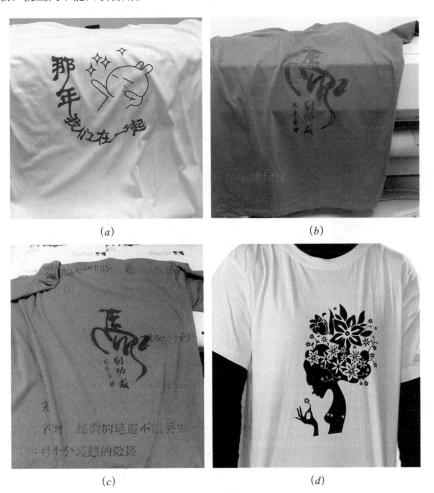

(a)　　(b)

(c)　　(d)

图 6-20　T 恤衫印刷成品

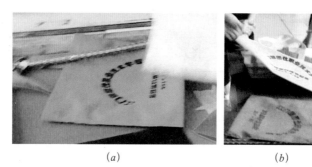

(a)   (b)

图 6-21 购物袋印刷成品

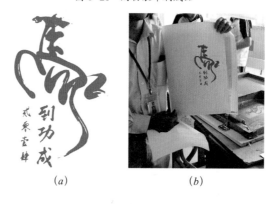

(a)   (b)

图 6-22 印在纸张上的效果

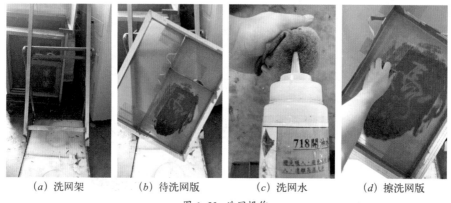

(a) 洗网架   (b) 待洗网版   (c) 洗网水   (d) 擦洗网版

图 6-23 洗网操作

项目小结

丝网印刷是一种具有很大的灵活性和广泛适用性的印刷技术，应用非常广泛。通过本项目的学习，使同学们对丝网制版、丝网印刷和丝网印刷设备有更加深入的认识，并能够自己动手操作丝网印刷设备印刷产品。

课后练习

1）丝网印刷的原理和特点分别是什么？

2）丝网制版中直接感光制版法工艺流程是什么？

3）为什么说丝网印刷的应用范围非常广？仔细观察周边的印刷产品，列举出哪些是采用丝网印刷的。

4）丝网印刷机一般有哪些机构组成？

5）丝网印刷的工艺流程是什么？

项目七　数字印刷技术

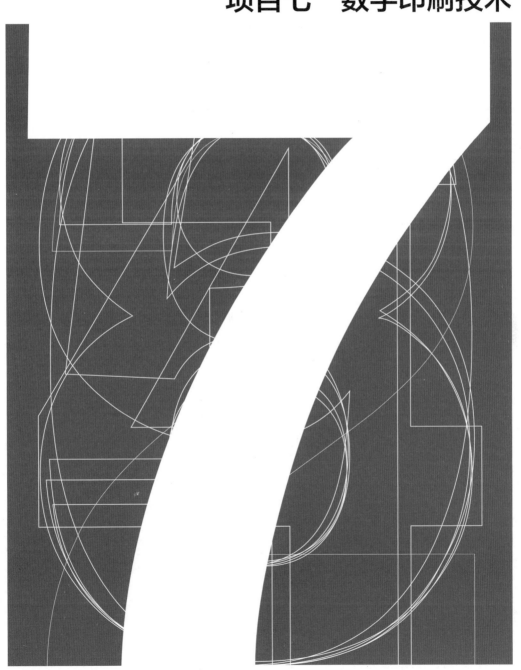

项目任务

1）熟悉数字印刷定义、特点及发展趋势；

2）掌握数字印刷成像技术；

3）掌握数字印刷设备；

4）掌握数字印刷工艺。

重点与难点

1）数字印刷成像技术；

2）数字印刷工艺。

建议学时

6学时。

7.1 数字印刷概述

7.1.1 数字印刷定义

数字印刷，又称"数码印刷"，是利用印前系统将图文信息直接通过网络传输到数字印刷机上印刷的一种新型印刷技术。数字印刷系统主要是由印前系统和数字印刷机组成。有些系统还配上装订和裁切设备。

数字印刷工作原理是操作者将原稿（图文数字信息）或数字媒体的数字信息或从网络系统上接收的网络数字文件输出到计算机，在计算机上进行创意，修改、编排成为客户满意的数字化信息，经 RIP 处理，成为相应的单色像素数字信号传至激光控制器，发射出相应的激光束，对印刷滚筒进行扫描。由感光材料制成的印刷滚筒（无印版）经感光后形成可以吸附油墨或墨粉的图文然后转印到纸张等承印物上。

图 7-1 数字印刷工艺流程

7.1.2　数码印刷的特点

数码印刷是印刷技术数字化和网络化发展的新生事物，也是印刷技术发展的一个焦点。数码印刷具备以下几个典型特征：

（1）印刷方式全数字化。数码印刷过程是从计算机到纸张或印刷品的过程（Computer to Paper/Print），即直接把数码文件、页面转换成印刷品的过程。这是全数字化生产过程，工序间不需要胶片和印版，无传统印刷工序的繁琐工序。

（2）可实现异地印刷。可以通过互联网进行远距离印刷。

（3）可变信息印刷。数码印刷品的信息是 100% 的可变信息，即相邻输出的两张印刷品可以完全不同。

传统的印刷工艺都需要经过印前设计、印前制版、上机印刷等工序，才能将印刷油墨转移到承印物上，从而完成印刷复制过程。而数字印刷机是直接将印前数字图像信息转移到承印物上的印刷技术，不需要通过包括印版在内的任何中介媒介，并且印刷质量已经逼近传统的印刷方式。

7.1.3　数码印刷的发展优势

数码印刷具有广阔的市场前景和发展空间。首先我们来看一下数码印刷与传统印刷相比的优势。

1. 技术优势

数码印刷机与传统印刷机比较，有以下优点：

（1）周期短

数码印刷无需菲林，自动化印前准备，印刷机直接提供打样，省去了传统的印版，不用软片，简化了制版工艺，并省去了装版定位，水墨平衡等一系列的传统印刷工艺过程。

（2）数码印刷品的单价成本与印数无关，其印数一般在 50 ~ 5000 份的印刷作业。

（3）快捷灵活

数码印刷的快捷灵活是传统印刷无法做到的，由于数码印刷机中的印版或感光鼓可以实时生成影像，文件即使在印前修改，也不会造成损失。

电子印版或感光鼓使您可以一边印刷，一边改变每一页的图像或文字。

（4）便于与客户进行数字连接

印刷作业被制成电子文件，所有文件的传输都是通过高速远距离通讯进行传递，其中包括 Internet 方式，将客户和印刷服务有机地连接起来，这是以前从来没有的现象。

2. 市场优势

（1）按需印刷市场

POD 就是按需印刷的意思，英文全称为 "Printing on-Demand"。主要针对频繁修订和需要被更新的出版物，如使用手册、文件和政策宣传册等都可以通过该系统轻而易举地完成。而且它还特别适于印刷编入了很多图片的出版物，例如包括图表、照片和软件，屏幕显示在内的科技类出版物。当印刷数量少于 5000 份时，习惯上就称为 "短版印"，以施乐为主导的数码印刷机，在美国已经占据了以前小型印刷机和复印机上生产的 85% 的活件，这种趋势正开始向彩色印刷机转移。

（2）可变数据输入印刷

数码印刷中，每一页上的图像或文字可以在一次印刷中连续变化，这称为个人印刷，此需求在传统的印刷中根本无法解决。

（3）发行和印刷

数码印刷技术确保了再版印刷品与第一版的效果相同，因此没有理由要求一份公文同时在同一地点印出。每一家公司都希望将储存和运输的费用降到最低。例如，一家公司可在总部制作出一份新的产品目录，然后把文件发到各地的分公司，在当地印刷。

7.1.4　数字印刷应用和发展趋势

当前印刷工业的发展趋势正朝向短版、可变数据印刷，越来越多的印刷企业正在以个性化方式来吸引顾客，而数字印刷正适应当前印刷发展的潮流，因此，数字印刷的市场定位就在"按需印刷""即要即印""短版印刷"上。正是数字印刷的这些特点极大限度地满足了那些在任何时间内仅仅需要几十本甚至几本杂志或小册子的客户需求。

传统印刷是针对大量需求的一种生产方式，典型特点在于低价位和高质量，它的利润空间是依靠大批量印刷来实现的，随着印数的增多，单页的成本就不断降低。传统印刷过程可

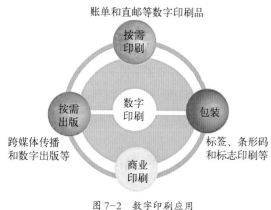

图 7-2　数字印刷应用

以划分为印前和印刷两个工艺步骤，无论印量多少，印前成本都存在，这种最终成本都要折算到每一张印刷品中。与传统印刷不同，数字印刷实现了印前和印刷一步到位，不存在印前成本分担的问题，所以，无论是印刷一张还是一百张、一万张都不会影响到单页成本。数字印刷的市场应该在以下几个方面：①按需印刷短版市场，②个性化印刷品市场，③异地印刷市场。

7.2　数字印刷成像技术

数字印刷主要采用数字成像技术，成像技术的种类很多，根据其成像的物理或化学原理可分为以下几种：静电照相成像、喷墨成像、磁记录成像、电凝聚成像、离子成像和热敏成像等。其中静电照相成像和喷墨成像技术应用最多、技术最为成熟，被广泛地用于数字印刷系统中。

7.2.1　静电照相成像（Electrophotography）

静电照相成像是应用最广泛的数字印刷成像技术，它利用光电导体表面受光照射能改变

静电分布的原理，从而形成图文潜影（电荷图像）。带有电荷的图文部分随后吸引带异性电荷的油墨（或呈色剂），再把它转移到纸或其他承印物上，最后进行固化，形成最终的图文。其原理和步骤如图 7-3 所示。

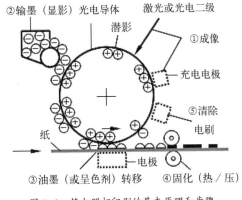

图 7-3 静电照相印刷的基本原理和步骤

静电照相印刷的过程可以分为以下五步：成像、输墨、转移、固化、清除。一个循环完成一张印张的印刷。

1）成像

成像装置中，最重要的元件是图文载体光电导鼓，它采用铝基，外面涂布一层柔性的光导电层（硒或硅的化合物）。成像时，先对光电导鼓的表面充电，形成一层均匀的电荷，接着光电导鼓表面在光的作用下成像，成像光源可以是扫描的激光，也可以是发光二极管阵列（模拟原稿，空白部分发光），光电导鼓表面曝光区域电荷释放，形成非图文区，未曝光部分电荷保留，这样就在光电导鼓上形成"电荷图像"，也就是"潜影"。

2）输墨

静电照相印刷使用的油墨与传统油墨不同，它可以是固体粉末，也可以是液体呈色剂，但它必须带有与潜像相反的电荷特性，这样在电场力的作用下，光电导鼓表面的潜像区域吸附油墨（或呈色剂），形成可见图像，这也就是所谓的"显影"。

3）转移

光电导鼓表面的油墨或呈色剂可以直接转移到承印物上，也可以通过中间载体转移，但大多数采用直接转移的方式。转移时主要依靠电极对带电油墨或呈色剂的电场力作用，当然也有压力作用的帮助。

4）固化

转移到承印物上的油墨或呈色剂还需要进一步固化，使其牢牢地黏附在承印物上。固化主要通过加热和压力作用完成。

5）清除

如图 7-3 所示，光电导鼓表面的油墨或呈色剂没有完全转移到承印物上，还有一部分残留在导鼓表面。为了进行下一印张的印刷，需要对光电导鼓表面的油墨或呈色剂进行机械清除。同时，还要进行电子清除和处理，使光电导鼓表面回到中性状态。

静电照相印刷速度主要由光导体的充电速度和光电成像速度决定。静电成像的质量是由油墨或呈色剂颗粒大小决定的。印刷中多数使用固态墨粉，分辨力可以达到 600～800dpi。采用湿式色粉显影则可达上千 dpi，印品色调级数可以有多级。

7.2.2 喷墨成像（Ink Jet）

喷墨印刷原理简单，它在承印物有图文的地方直接喷上油墨。喷墨方式有连续喷墨和按需喷墨两种。其分类如图 7-4 所示。

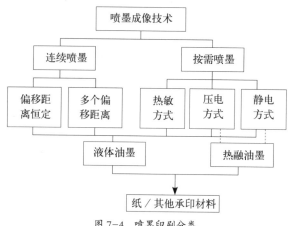

图7-4 喷墨印刷分类

一是连续喷墨，喷墨系统利用压力使墨通过喷墨孔形成连续墨滴流。墨流由于高速而变成细小的墨滴，其尺寸和频率取决于液体油墨的表面张力、所加压力和喷墨孔的直径。墨滴的落点由偏转电极控制，偏离距离的级数由电极电压级数决定。因此有定值偏移和多级偏移两种，当控制电极上所加的电压幅值不变时，墨滴偏移距离恒定；当电压幅值有多级时，墨滴的偏移距离也有多级。连续喷墨的原理如图7-5所示。

二是按需喷墨，当需要墨滴时才有压力作用于墨盒。按需喷墨有热敏、压电、静电三种方式。在喷墨数字印刷机上，许多细小的喷墨孔集成为阵列，进行印刷作业。

热敏喷墨方式如图7-6所示，当成像信号作用在加热元件上时，加热元件温度迅速上升，油墨蒸发，产生气泡，挤压油墨，在压力下喷出墨滴。当温度下降时，气泡消失，墨盒在毛细管作用下吸入新油墨。

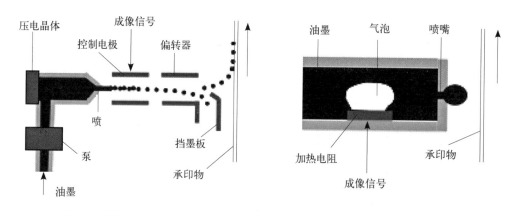

图7-5 连续喷墨的基本原理   图7-6 热敏喷墨的基本原理

压电喷墨方式如图7-7所示，主要利用压电效应，压电晶体（压电陶瓷）受到微小电子脉冲作用，会立即膨胀，使与之相连的墨盒受压，产生墨滴。

静电喷墨方式如图7-8所示，其基本原理是在喷嘴与承印物之间形成一个电场，成像脉冲信号通过开关元件控制喷嘴，当有成像信号时，墨滴释放，在电场力的作用下转移到承印物上。该技术主要利用"泰勒"效应。

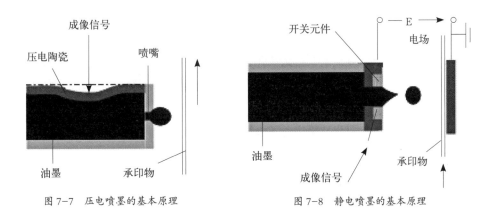

图 7-7 压电喷墨的基本原理   图 7-8 静电喷墨的基本原理

一般来说，喷墨印刷具有 300 ~ 1500dpi 的分辨能力，阶调数为多值（但有限），而且成像速度非常快。大多数喷墨成像都采用水基油墨，呈色剂以染料为主，最终影像的形成取决于油墨与承印物的相互作用。

7.2.3 电凝聚成像（Electrography）

电凝聚成像不同于静电照相成像，它是基于通过自由的铁离子使聚合物凝结（一种由液态变成凝胶状的状态转变过程）。当有图像信号时，发生电化学反应，铁离子析出，油墨重新凝结，固定在成像滚筒表面形成图像区域，而没有发生电化学反应（即非图文区域）的油墨依然是液体状态。然后，通过刮板的机械作用可以将非图文区域的液体油墨去掉，使滚筒表面只剩下图文区域的油墨。最后，通过压力的作用将油墨转移到承印物上。

7.2.4 其他成像技术

1）磁成像印刷（Magnetography）

这种成像技术与磁带的记录技术采用相同的记录原理，即依靠磁性材料的磁子在外磁场的作用下定向排列，形成磁性潜影，然后再利用磁性色粉与磁性潜影之间的磁场力的相互作用，完成输墨（即显影），最后将磁性色粉转移到承印物上即可完成印刷。

2）离子成像印刷（Ionography）

该技术有时也称为电子束印刷技术，它通过使电荷的定向流动建立潜像，该过程类似于静电照相印刷。不同之处在于，静电照相印刷是先对光敏鼓充电，然后对其进行曝光生成潜影；而电子束成像印刷的静电图文是由输出的离子束或电子束信号直接形成的。离子或电子束成像印刷的静电图文鼓采用更坚固、更耐用的绝缘材料制成，以便接收电子束的电荷。

3）热成像印刷（Thermography）

热成像印刷工艺利用热效应，并采用特殊类型的油墨载体（例如色带或色膜）转移图文信息，热成像技术可划分为热升华（染料热升华）和热转移（热蜡转移）两种，有些数字打样设备就采用了热成像技术。

除了上面列举的数字印刷成像技术外，还有许多正在研发的数字印刷成像技术，这些可称为 X 成像（X—Graphy）。这里，X—Graphy 并不是指利用 X 光来实现成像，而是用来代替目前尚未实现商业化的成像技术。其成像原理可以参考相关技术资料。

7.3　数字印刷设备

7.3.1　数字印刷系统

1. 数字印刷系统的组成

数字印刷系统采用不同的成像技术时，其功能部件有些不同，甚至有很大的差别。但有些功能部件对大多数数字印刷系统来说还是需要的，如栅格图像处理器、成像装置、定像装置等。数字印刷系统的组成如图 7-9 所示。

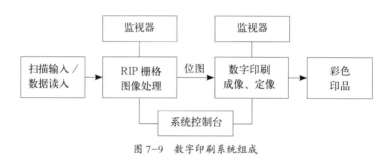

图 7-9　数字印刷系统组成

1）扫描输入部件：数字印刷生产的全过程都是数字化的，扫描输入部件可完成模拟原稿的数字化工作。扫描输入部件一般是扫描仪，可内置在数字印刷机上，原稿数字化后产生的数据文件直接用于印刷。

2）栅格图像处理器：栅格图像处理器是数字印刷系统必不可少的功能部件，它将用各种语言描述的页面内容转换为位图描述。

3）成像部件：除喷墨印刷直接形成可视图像外，其他数字印刷工艺需要通过图文载体（可成像表面）成像，建立视觉上不可见的潜影（Latent Image）。图文载体是成像部件中的关键元件。例如在静电照相数字印刷系统使用的光电导鼓。图文载体存储的图文信息是临时性的，只能成像一次使用一次，即使页面内容相同也如此。

4）输墨装置：除喷墨印刷外，数字印刷工艺需要对可成像表面输墨的部件，称它为输墨装置是为了与传统印刷工艺使用的术语一致。对潜影输墨的操作通常称为显影，是把油墨或呈色剂转移到可成像表面的潜像上，形成视觉上可见的图像。

5）定像装置：油墨或呈色剂输送到图文载体表面只是图文转移的中间步骤，还需要进一步转移到承印物表面，定像装置是实现这一操作的部件。

6）后处理装置：为了建立连续的数字印刷过程，还可能需要对转移到承印物上的油墨或呈色剂作固化和干燥处理，以及对图文载体和其他中间载体的表面作清除和再次成像准备等。实现这些功能的部件可称为后处理装置。

工作原理：　　　　　　　　　　　　　　数码印刷机透视图：

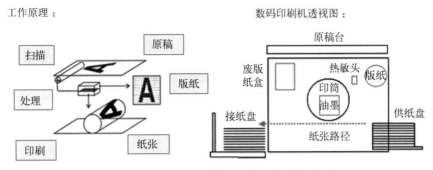

图 7-10　数码印刷机工作原理与数码印刷机示意图

7.3.2　典型数字印刷机

1. HP Indigo 7500 数码印刷机

HP Indigo 7500 数字印刷机是更加灵活、技术更加先进的高印量单张进纸数字印刷解决方案。它采用创新的智能自动化技术，可为您带来出色的输出质量、更高的生产率以及轻松的操作体验。

图 7-11　HP Indigo 7500 数字印刷机

高速和高生产率。HP Indigo 7500 数字印刷机专为大批量生产而设计，其 A4 尺寸的全彩色印刷速度为 120 页 / 分钟，单色或双色印刷速度为 240 页 / 分钟。正在申请专利的视觉系统进一步增强了印刷机的性能，该印刷机可实施自动校准和智能诊断，可确保印刷机的完全自动化运行和更长的正常运行时间，显著减少操作员错误，每月可输出 350 万页彩色印刷件或 650 万页单色印刷件。这一高级优化能力使胶印印刷的经济收支平衡点达到了数千页级别，同时增加印刷量。

智能自动化。采用视觉系统后，该印刷机可实施自动校准和智能诊断，确保更长的正常运行时间，同时提高印刷量。

HP Indigo Print Care 套件内含一系列实用工具，包括确保故障排除和网络摄像头通信的向导指导，从而延长设备的正常运行时间，出色完成关键业务和要求苛刻的印刷任务。

此款印刷机配有通用的印后加工界面选项。该界面是一个用于提供自动、灵活的内联与近线印后加工解决方案的智能端到端平台，不仅可以降低人工成本，而且还能缩短作业周转时间。

独树一帜的 HP Indigo 印刷质量。专有的惠普电子油墨和独特的印刷流程，让所有 HP Indigo 印刷机均可输出一致的胶印品质图像。全新 HP Indigo 7500 数字印刷机内置高级控制系统，可确保更高的色彩稳定性和一致性。

它拥有 7 个供墨站，可实现 4 色、6 色与 7 色 PANTONE® 模拟和离线混合应用，能够匹配 97% 的 PANTONE® 色彩，因此可提供更加广泛、精确的数字色域。

这些附加的供墨站还可实现包括淡青色和淡品红色在内的 6 色印刷，适用于专业摄影领域，可提供与卤化银印刷效果不相上下的照片品质印刷件。

出色的多功能性。该印刷机支持涂布纸、非涂布纸和专用介质等多种承印物，甚至可以轻松使用折叠纸盒等厚承印物（需使用可选的厚承印物套件）。作为 HP Indigo 的独有功能，白色油墨选件套件可在专有承印物（透明材料、金属材料和彩色介质）上输出高价值印刷页。

功能强大的 HP SmartStream 工作流程解决方案：HP Indigo 7500 数字印刷机与大量工作流程解决方案结合使用，可满足复杂作业和扩展环境的使用需求。HP SmartStream Production Pro 打印服务器是一款关键业务打印服务器，能够与 HP Indigo 数字印刷机共同提供功能强大且可扩展的高性能生产流程。 该产品配有易于使用的远程用户界面、出色的可扩展性、独特的 VDP 功能以及强大的色彩功能。

HP SmartStream Production Plus 打印服务器（由 Creo 提供支持）可满足具备全面数字印刷特性的混合胶印 / 数字印刷环境的苛刻工作流程要求。它可使 HP Indigo 印刷机无缝集成到 Prinergy 工作流程环境。

2.Kodak NexPress 2100 数字印刷机

柯达印刷机中的彩色数码印刷机 NexPress2100 是一台具有胶印机功能、坚固、采用重金属制造、设计精密和高负荷智能化的机器。它为实现色调一致而增添了机器内部动态、封闭的环境控制循环系统。柯达 NexPress 2100 具有生产型印刷机的稳定质量和打印机的灵活性。

图 7-12　Kodak NexPress 2100 数字印刷机

1）机器的特点

（1）柯达 NexPress2100 彩色数码印刷机具有独特的构造——超过 40 多个部件和组件为操作员可更换部件（ORCS），具备用户可维修性。

（2）柯达 Nexstation 前端控制系统包含了柯达 NexPert 操作员维持支持系统——一种尖端的在线技术资源，它不仅能识别问题，还能通过提醒操作员检查或更换 ORCS，预防问题的发生。

（3）该机允许操作员不用特殊工具就能快速更换成像滚筒、橡皮滚筒和许多其他部件，使操作员能快速简便地进行日常维护，以及有效地记录和管理 ORC 存货。

（4）独特的橡皮滚筒。该机之所以能保持印刷效果的一致性，其关键因素是采用与胶印机类似的橡皮滚筒，因而可以在多种质地的纸张上印出高品质的图像。同时使成像滚筒与纸张粗糙的表面不进行接触，可以延长成像滚筒的寿命。

2）机器规格的标准

（1）印刷速度：单面 4/0 或 5/0，每小时 4200 页 A4，每小时 3840 页 C4，每小时 2880 页 B4，每小时 2100 页 A3，每小时 1920 页 B3。双面印刷速度(4/4 或 5/5)是单面印刷速度的一半。

（2）成像技术：干粉电子成像 600dpi。

（3）成像规格：最大 340mm×510mm（13.4 英寸 ×20 英寸）。

3）机器稳定的标准

保证 NexPress2100 数码印刷机和印品质量的稳定时关键，应做到以下几点。

（1）保证机器运转标准：精心做好机器的日常保养，5 万印量保养，线性标准（内容详见相关手册），使机器处于最佳工作状态。

（2）保证封闭环境标准：柯达 NexPress2100 彩色数码印刷机具备自带的空调器，从而保证了恒温、恒湿、清洁的封闭环境，使电子成像过程获得很好的稳定性，应定期做好维护保养，达到标准的要求。确保机器运作时内部保持温度 21℃、湿度 35% 的状态。

（3）线性化的标准：线性化是保证柯达 NexPress2100 数码印刷机印品质量的核心，是使印品质量稳定的关键环节。由于数码印刷机是由很多零部件组成，所有零部件在使用过程中都在磨损或有性能衰减的情况，这就导致印刷品质量的飘移，当飘移到一定程度，肉眼就能察觉到色偏。线性化就是利用数码印刷机的控制补偿反馈机制，通过调整补偿参数，使输出品质稳定在预先约定的范围内。①用户必须精心做好线性化的标准工作，保证每星期一次，才能保证产品质量的稳定。②用户必须掌握线性化的正确方法。线性化过程，就是机器印出内置的测试文件，该文件包含一些不同密度的色块。在印制该测试文件时，所有色彩管理的选项均被取消。然后利用系统配置的密度计读出所印的不同密度色块的密度值，先测量色块实际的密度，然后测量其他色块的密度。如果密度值不在机器设定的允许范围内，系统会提供当前状况的信息，并且系统会自动修正补偿偏差，直到所有密度值均在机器设定的允许范围内。系统利用数学插值方法，将有限的几个密度值拟合成密度由 0% ~ 100% 的阶调曲线，利用这条曲线生成一个表，存在数码印刷系统的缓存系统内，这个表将来用于对所有传到缓存系统的分色文件进行加网补偿。

综上所述，线性化实际上就是实现数码印刷机能准确地输出网点，也就是每种密度的对应的网点密度，经过线性化补偿表加网后，其印刷密度都在机器设定的允许范围内。

（4）机器加网的标准：对于平面印刷而言，网点需达到 256 级，根据数学排列组合的原理，每个网点至少要由 16×16=256 个激光点组成。柯达 NexPress2100 采用 LED 曝光头，每个曝光单元有 16 级的曝光级变化，即所谓多位深技术，所以其网点由 4×4=16 个激光点组成，即可实现 256 级的网点灰度变化。网点印刷除了网点要有 256 级变化外，还要有另一个指标，即网目线数要达到 150lpi 以上。如果网目线数低于 150lpi，在近距离观察印刷品时，网线显得很明显，照片的连续色调受到一定的影响；当网目线数高于 150lpi，在近距离观察印刷品时，网线显得很细，色调看上去很连续。柯达 NexPress2100 的分辨率是 600dpi，网点由 4×4=16 个点组成，网目线数为 600÷4=150lpi。由于柯达 NexPress2100 数码印刷机是采用干粉电子成像技术，其干式油墨不会产生渗透效应，也就不存在选择网线数的概念，可以始终选择 600dpi，具备较高精度印刷。

（5）柯达 NexPress2100 的分色加网方法：柯达 NexPress2100 数码印刷系统打印服务器通过网络接收到打印文件，其内运行的色彩解析服务软件将文件分色，之后传到缓存系统。缓存系统有加网电路板，对每个颜色加网，之后传到打印头。色彩解析服务软件根据操作员的设置选项完成所有的色彩管理工作。该机器可选择的加网类型有：classic、optimum、line、supra、staccato（经典、优化、线状、supra 网点、调频网），我们常选用 classic 网点。

（6）材料的标准

纸张的标准：适用于 80～300g/m² 的纸张，包括：128g/m²、157g/m²、250g/m² 铜版纸。128g/m²、157g/m²、200g/m²、250g/m² 亚光铜版纸、80g/m² 胶版纸。当每种纸张第一次使用时，机器需要对该种纸张进行校正。

墨粉的标准：柯达 NexPress2100 标配的 4 色（CMYK）墨粉，每次添加墨粉之前一定要晃动均匀。

机器内部所有 ORC 耗材均有可印寿命，需按时更换，否则会影响印刷品质量。

（7）印刷品质量稳定的标准：该机开发一套包括 7 个控制环节的印刷品质控制系统 NexQ，能够确保稳定的高质量印刷，无论是同一活件不同的页面，还是不同时间的印品，均能保持稳定的高质量。NexQ 质量控制系统包括：纸张自动定位装置、成像单元、定影单元、翻面单元、环境控制系统、闭环过程控制系统。

在实际生产中，为使印刷品质量稳定，需严格控制该机输出网点的稳定性。彩色数字文件经过分色加网，四色叠加完成彩色印刷。那么，只要控制住 CMYK 四色加网的网点大小的稳定性，印品质量就可得到控制。也就是说，数码印刷机输出印刷网点大小的稳定就是印品质量稳定的标准。①最小网点印出 2%～3%；②最大网点印出 95%～97%；③50% 网点增大率（C：17%～19%，M：22%～25%，Y：27%～29%，K：21%～23%）。

7.4 数字印刷工艺

7.4.1 数字印刷工艺流程

数字印刷工艺流程如图 7-13 所示。

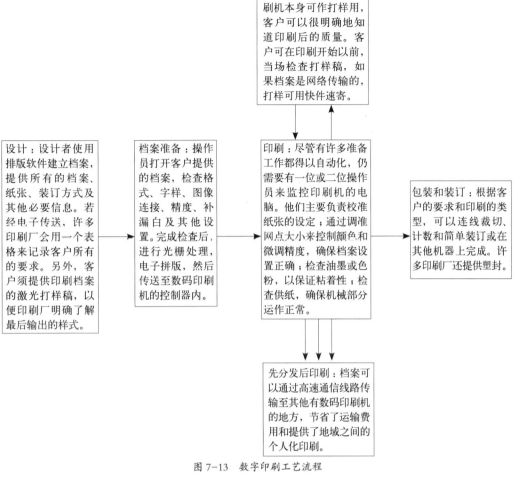

图 7-13　数字印刷工艺流程

7.4.2　数字印刷设备操作

这里以 HP Indigo 数码印刷机为例来介绍。

HP Indigo 数码印刷机基本操作规程

1）开机规程

（1）检查室内温度和湿度，使得温度和湿度分别达到下述要求：温度：20℃～25℃，相对湿度：50%～70%。

（2）确认前一工作日的关机例行工作已经完成，如有必要可重复其中的任何一项。

（3）打开主开关、UPS。

（4）待机器启动，主画面出现，机器处于"Off"状态，并出现请求开机的对话框后，打开操作员使能开关，机器处于"Standby"状态。

（5）将清洁站装入机器中。

（6）将自动清洁张和自动校色 Bypass。

（7）关闭所有门，点击"Get Ready"，等待机器至"Ready"状态。

（8）手动打清洁张、校色。

2）印刷过程

（1）启动数码印刷机输出软件，打开所要输出的图件，将设计好的电子文件，转为 Indigo 数字印刷机可接受的文件格式：PS（EPS）、PDF、PPD、TIFF、JPEG。通过网络发送到 Indigo 数字印刷机的特定目录下，在 Indigo 数字印刷机上进行预览后，可以对其进行相应的小调整，比如小的颜色调整，一般用 LUT 曲线进行微调，使印刷品的颜色尽量跟原稿贴近，设定好输出幅面、介质类型、输出精度、输纸纸盒等，确认后就可输出图件。

（2）输出作业时，请按要求做好输出记录。

（3）如出现故障不能解决时，请迅速与管理责任人联系，否则造成损失由使用者负责。

3）关机维护规程

（1）做"Print Cleaner"，以清洁橡皮布（Blanket）。检查橡皮布，用无纺布清洁。

（2）取出清洁站（Cleaning Station），用手或无纺布清洁刮板。

（3）检查压印纸，如已经移位或过脏应立即更换。

（4）用棉签蘸取 IPA 清洁叼纸牙（Grippers）。

（5）转动手轮，至机器角度仪指向 248° ±3° （防止角度不对时，未冷却的橡皮布烫伤 PIP）。

（6）提升喷嘴（Slit Injector），用无纺布蘸取图像油清洁喷嘴，尤其是 6 个缝隙。

（7）清洁分离器（Separator）废物袋。

（8）做"Drain Cooler"，排空冷却液。盛冷却液需 5 升装的塑料容器，容器上应加以明显标记，以区别于其他容器。

（9）清楚标明"冷却液专用"等字样，冷却液中含图像油的成分。排空冷却液后应用纸巾吸干冷却液出口，关闭龙头，并放回原位。

（10）润滑下列部分：出纸辊（Paper Exit Roller）两侧、送纸辊（Upper Feed Roller）、叼纸轴（Grippers Shaft）。

（11）每天下班前，关好计算机、在主画面内点击"Shut Down"。待主画面消失，再关闭 NT 系统，关闭主开关和 UPS。禁止直接关闭主开关。数码印刷机及相关设备和照明电源，检查门窗是否关好，做好防盗工作。清洁机器外观和地面。

（12）任何人员违反上述规定时，设备管理员有权停止其使用、操作。

项目小结

通过本项目的学习，了解数字印刷的概念、特点与优势，数字印刷的分类及发展和市场前景。掌握数字印刷成像机理、数字印刷系统的工作原理及特点，以及数字印刷的工艺流程与方法。通过实践，将理论与实践结合，为学生更深层次地理解、掌握数字印刷知识打下良好的基础。同时也可以将自己的知识面得到拓宽，与其他学科结合应用。

课后练习

1）数字印刷定义？

2）数字印刷成像技术包括哪些？

3）数字印刷系统的组成是什么？

4）简述数字印刷工艺操作流程。

项目八　印后加工技术

项目任务

1）了解印后加工的概念和内容；

2）掌握印品表面整饰加工的常用方法、各自的特点及其工艺过程；

3）熟悉常用的印品表面整饰加工的作用、使用的产品范围及设备名称；

4）熟悉书刊装订的主要方法和特点；

5）理解平装的种类、特点，并掌握其工艺过程；

6）熟悉精、平装的主要区别，掌握精装书的特有工艺过程。

重点与难点

1）印品表面整饰加工的常用方法；

2）书刊平装、精装。

建议学时

8学时。

将印刷品按要求的形状和使用性能进行加工的生产过程，叫做印后加工。印后加工主要包括书刊装订、印品的表面整饰及成型加工。它是印刷品成型的最后工序，是印刷品生产流程的收尾阶段，其质量直接关系到能否生产出合格的产品。

随着现在人们生活水平的不断升高、审美意识的加强以及商品经济的不断发展，印后加工受到越来越多的重视。

8.1　印刷品表面整饰加工

印刷品的表面整饰是在印刷品表面进行适当的处理，增加印刷品表面的光泽度或耐光性、耐热性、耐水性、耐磨性等各种性能，以增加印刷品的美观、耐用性能。印刷品整饰加工主要由覆膜、上光、烫金、模切压痕和压凹凸等。

8.1.1　覆膜

1）覆膜的概念

覆膜又称贴塑（或贴膜），它是将涂有粘合剂的塑料薄膜覆盖在印刷品表面，经加热、加压处理，使印刷品与塑料薄膜紧密结合在一起，成为纸塑合一的产品印后加工技术，如图8-1所示为印品覆膜后断面图。

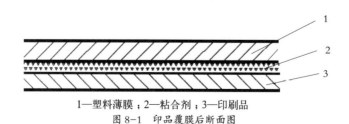

1—塑料薄膜；2—粘合剂；3—印刷品

图8-1　印品覆膜后断面图

2）覆膜作用及应用

覆膜增强了印刷品的光泽度，改善了耐磨强度和防水、防污、耐光、耐热、耐化学腐蚀等性能，极大地提高了商品和书刊封面的艺术效果和使用寿命，提高了商品的竞争力。它广泛应用于销售包装盒、书籍封面、画册、招贴广告、各种证件、广告说明书的表面整饰以及其他各种纸制包装制品的表面装潢处理。

3）覆膜材料

覆膜材料主要包括黏合剂、塑料薄膜和纸张。黏合剂是用来把两个同类或不同类的物体，依靠黏附和内聚等作用牢固连接在一起的物质。黏合剂有溶剂型、醇溶型、水溶型和无溶剂型等，目前多采用橡胶树脂溶剂型和丙烯酸酯类溶剂型黏合剂。从发展的方向看，应采用水溶型和醇、水混合型黏合剂，因为它无毒、无味、无污染，而且运输、储存方便、价格适中。黏合剂主要由黏合物质、溶剂和辅助剂等组成。

覆膜所选用的薄膜材料主要有聚乙烯（PE）、聚丙烯（PP）、聚酯（PET）等，目前广泛应用的是双向拉伸聚丙烯薄膜（BOPP）。

覆膜材料品种较多，其特点和性能、用途各异。要根据工艺条件和特点、性能进行合理选择，才能生产出合格的产品。

4）覆膜工艺

覆膜工艺就是用黏合剂将塑料薄膜和印刷品黏合在一起，形成纸塑复合印刷品的方法。根据覆膜工艺的不同，分为即涂覆膜工艺和预涂覆膜工艺。

（1）即涂覆膜工艺

即涂覆膜工艺是在塑料薄膜表面上涂布粘合剂后，即与印刷品热压来完成覆膜的加工工艺。即涂覆膜又可分为干式覆膜和湿式覆膜。

①干式覆膜是用涂布装置将黏合剂均匀涂布于塑料薄膜表面，经过覆膜机烘道除去黏合剂中的溶剂，在热压状态下与印刷品黏合成覆膜产品。在覆膜机烘道干燥过程中要求黏合剂中的溶剂基本挥发干净。

干式覆膜工艺流程如图8-2所示，其中涂布、干燥、热压复合是覆膜过程中的主要步骤，干式覆膜也是覆膜工艺中最常用的方法。

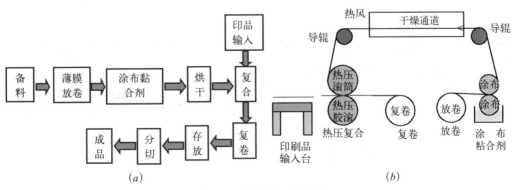

图 8-2　干式覆膜工艺流程

②湿式覆膜是在塑料表面涂布一层水溶性黏合剂，在黏合剂未干的状况下，通过热压辊与印刷品压合，成为覆膜产品。由于湿式覆膜用水溶性黏合剂，故又称为水溶性覆膜、水性覆膜。湿式覆膜的塑料薄膜与纸张复合后，有的经过热烘道干燥，有的不经过干燥直接卷取，如图8-3所示为湿式覆膜工艺。

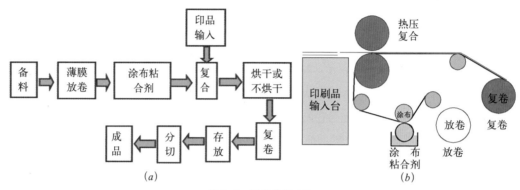

图 8-3 湿式覆膜工艺

湿式覆膜的涂布工作原理与干式覆膜基本相似，所不同的是干式覆膜是将涂布黏合剂的薄膜经过烘道加热，将黏合剂中的有机溶剂挥发后再与印刷品热压、黏合。而湿式覆膜是将涂布黏合剂的薄膜直接与印刷品复合后，再进入烘道干燥或不经干燥直接卷取；干式覆膜采用的是有机溶剂黏合剂，湿式覆膜采用水性黏合剂。

湿式覆膜的压合滚筒压力和温度均低于干式覆膜，生产车间环境温湿度与干式覆膜相同。

（2）预涂覆膜工艺

预涂覆膜工艺是将黏合剂预先涂布在塑料薄膜上，干燥后收卷待用。复合时，将预涂膜与印刷品经热压，即完成复合的工艺，如图8-4所示为预涂覆膜工艺。

预涂覆膜一般采用双向拉伸聚丙烯（BOPP）作为预涂薄膜。适用于印刷包装类及金属薄板、塑料板材、各类食品包装和书刊、商标、彩照、礼品盒、手提袋、酒盒等的覆膜，是一种高档包装材料。预涂膜覆膜产品具有防潮、防污、耐磨、不起泡、不脱层、不起皱的特点。

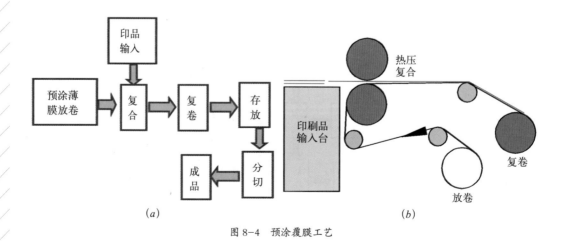

图 8-4 预涂覆膜工艺

5）覆膜设备

要想获得理想的覆膜效果，不仅要求黏合剂、塑料薄膜和印刷品具有良好的黏合适性，更需要有相适应的覆膜设备。覆膜设备根据覆膜工艺不同可分为干式覆膜机、湿式覆膜机和预涂覆膜机。干式覆膜机适用范围广、加工性能稳定可靠，是目前国内广泛使用的覆膜设备。

湿式覆膜机可以在黏合剂未干的状况下，通过热压辊使塑料薄膜与纸张复合，不残留溶剂。因此目前常用的湿式覆膜机不设烘干装置，有的在复合之后设置烘干装置。

预涂覆膜机是把已涂布黏合剂的预涂膜和印刷品复合起来，如图 8-5 所示为预涂覆膜机的外形图。预涂型覆膜机，无涂布和干燥装置，体积小、造价低、操作灵活方便，无污染，不仅适用于大批量印刷品的覆膜加工，而且适用于自动化桌面办公系统等小批量、零散的印刷品覆膜加工。

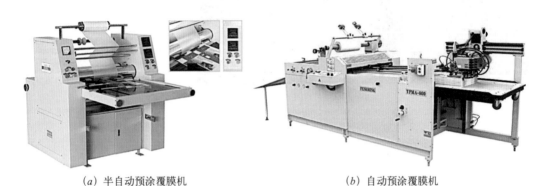

(a) 半自动预涂覆膜机　　　　　　　　(b) 自动预涂覆膜机

图 8-5　预涂覆膜机

8.1.2　上光

1）认识上光

纸张印刷图文后，虽然油墨有一定的光亮度和抗水性，但由于纸张纤维的作用，印刷品的表面光亮度、抗水性、耐磨性、耐光、耐晒性能及防污性能都不够理想，要解决这一问题，印品表面上光是一个很好的办法。

上光是在印刷品表面涂布（或喷雾、印刷）上一层无色透明涂料，经流平、干燥（压光）后在印刷品表面形成薄而匀的透明光亮层的加工工艺，如图 8-6 所示是一些常见的上光产品。上光形式有涂布上光和压光。

涂布上光是将上光油用涂布机涂布在印刷品表面上，并进行干燥。涂布后的印刷品表面光亮，可以不经过其他工艺加工而直接使用，也可以再经过压光后再使用。

压光是把上光涂料涂布在印刷品表面，通过滚筒滚压而增加光泽的工艺过程，它比单纯涂布上光的效果好得多。

2）上光作用及应用

经上光的印刷品表面光亮、美观，增强了印刷品的防潮性能、耐晒性能、抗水性能、耐磨及防污性能等，改善印刷品的使用性能，对印刷品起到保护作用，同时增强印刷品的外观效果，提升商品档次及附加值等。上光广泛应用于书籍封面、包装装潢、画册、大幅装饰、

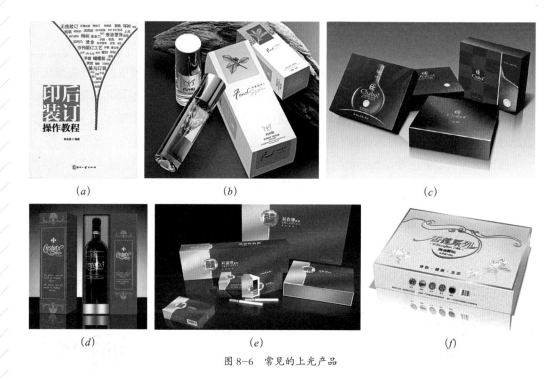

(a)　　　　　　(b)　　　　　　(c)

(d)　　　　(e)　　　　(f)

图 8-6　常见的上光产品

招贴画等印刷品的表面加工。如图 8-6 所示是一些常见的上光产品。

3）上光涂料

上光涂料也称上光浆、上光油、上光液。上光涂料的种类很多，但都是由主剂、助剂和溶剂组成。上光涂料应具备无色无味、透明、无污染、黏着性强、流平性好、固化快等特性，而且干燥成膜后应具备良好的耐磨性、耐酸碱性、柔弹性以及防潮、耐光、耐热、耐寒等性能。常用的上光涂料有 UV 上光涂料、水性上光涂料和压光涂料。

4）上光工艺

上光工艺根据上光形式的不同有涂布上光和压光上光；按上光效果分整幅面上光、局部上光、消光上光、特效上光；按采用的上光设备不同分脱机上光工艺、印刷机组上光工艺、联机上光工艺；按上光涂料品种不同分溶剂型涂料上光工艺、涂料压光工艺、水性涂料上光工艺、UV 涂料上光工艺等。

（1）涂布上光工艺

涂布上光工艺流程（如图 8-7 所示）为：输纸→涂布上光材料→干燥→收纸。

印刷品经过涂布装置均匀涂布上光涂料，再经过干燥装置（热烘干燥、紫外线干燥），在印刷品表面形成光亮的膜层，上光后的印刷品必须经冷却装置使结膜表面冷却后才能堆积，以免堆积时发生粘连现象。

（2）压光工艺

印刷品压光是在涂布上光的基础之上，再经过一定的温度和压力使涂布材料在印刷品表面形成较强光泽度的膜层，产生良好的艺术效果。

在涂布上光过程中，印刷品表面已涂布上光油，并经过干燥，表面已形成光亮膜层，光

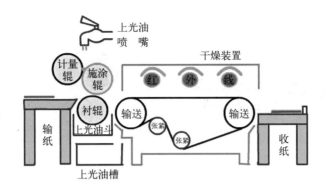

图 8-7 涂布上光工艺

泽度较高，完全可以使用。但对于一些对光泽度要求较高的印刷品，经过涂布上光之后，仅靠涂料的自然流平性，干燥后还不能达到理想的光泽，这就需要经过压光，使其表面形成理想的镜面，不仅提高其表面的光泽度，而且在耐化学物理性能方面也有很大的改进和提高。

压光工艺的流程（如图 8-8 所示）一般为：涂布底胶→涂布压光涂料→垫压→冷却→成品。

其中涂布底胶、涂布压光涂料是在普通上光机上进行，涂布底胶的目的在于增加膜层与压光涂料的附着力；垫压和冷却是在压光机上进行，垫压过程在压光不锈钢带上进行，压光带内的压印轴温度控制在 80℃ ~ 100℃左右，热压滚筒压力控制在 8 ~ 10MPa 左右。

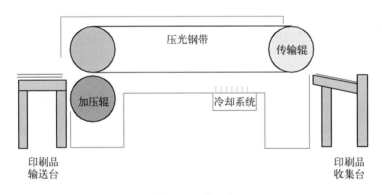

图 8-8 压光工艺

5）上光设备

上光设备是专门用来对印刷品表面进行上光的设备。上光设备按其加工方式可以分为两大类：一类是脱机上光设备，即印刷、上光分别在各自的专用设备上进行；另一类是联机上光设备，即将上光机组联接于印刷机组之后，当纸张完成印刷后，立即进入上光机组上光。

（1）脱机上光设备

脱机上光设备上只完成上光涂布或压光的工作，或者上光涂布和压光组合在一起的连线工作。

①普通上光涂布机

上光涂布机按其印刷品输入方式，可分为半自动上光涂布机，如图 8-9（a）所示，全自动上光涂布机，如图 8-9（c）所示两种形式，前者结构简单、投资少、使用方便灵活，后者

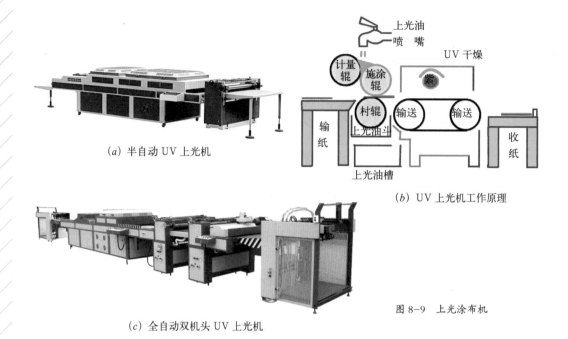

（a）半自动 UV 上光机

（b）UV 上光机工作原理

（c）全自动双机头 UV 上光机

图 8-9　上光涂布机

工作效率高、劳动强度低。按加工对象范围，可分为厚纸专用型上光机和通用型上光机。按上光涂布时干燥源的干燥机理，又可分为固体传导加热干燥和辐射加热干燥两种类型。

上光涂布机主要由输纸机构、传送机构、涂布机构、干燥机构、收纸机构以及机械传动、电器控制等系统组成。

②压光机

压光机是用来对涂布上光涂料的印刷品表面进行压光，使印刷品表面的光泽度和平滑度得到极大提高。压光机主要由压光辊装置、压光板装置、冷却装置、印品输送和收纸装置、机械传动和电器控制等组成，其基本结构如图 8-10（b）所示。

（2）联机上光设备

联机上光设备是将上光机组与印刷机组连接，即在印刷机组之后增加一组上光机组，使印刷纸张完成印刷后立即进入上光机组上光，如图 8-11 所示。

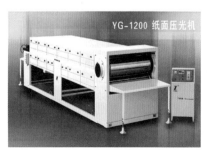

（a）压光机外形图

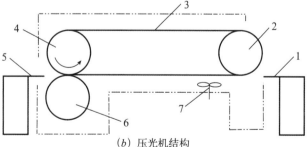

（b）压光机结构

1—收纸台；2—压光辊；3—压光板（压光带）；4—热压辊；5—输纸台；
6—加压辊；7—冷却风扇

图 8-10　压光机

印刷机组为多色印刷机，上光机组可以安装在胶印机、柔性版印刷机和凹版印刷机上。根据上光涂料的供给方式不同，又分为专用型联动上光和两用型联动上光。

①专用型联动上光机

专用型联动上光机是在印刷机组之后，安装一组专用的上光涂布机构。专用型上光装置结构简单，操作使用及维护均十分方便。能将上光涂料比较理想的涂布在印刷品表面，也可以获得满意的上光效果。

②两用型联动上光机

海德堡 CD102-5+L 上光印刷机
图 8-11　联机上光设备

两用型联动上光机是指将印刷机加上一组涂料控制机构，改造成为联机上光机。

图 8-12 所示为胶印上光两用型联动机，将胶印机的润湿装置加上一组涂料控制机构，改造成为联机上光装置。其结构和工作原理与胶印机连续给水方式的润湿系统基本相同。

正常印刷时，可以进行润版，需要上光时，将润湿液换成上光涂料，可用来上光。上光涂布时，水斗辊从贮料斗中将涂料带起，计量辊按上光要求调节供给量，由串水辊传送至靠版辊，再经印刷滚筒传至橡皮滚筒，最后由橡皮滚筒将其涂布到印刷品表面，完成涂布工作，如图 8-12（b）所示。

（a）联机上光胶印刷机

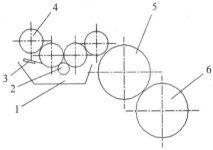

（b）两用型联动上光装置示意图
1—贮料斗；2—水斗辊；3—刮刀；4—计量辊；
5—印版滚筒；6—橡皮滚筒

图 8-12　胶印上光两用机

8.1.3　模切压痕

1）认识模切压痕

模切压痕的概念：把特定用途的纸或纸板按一定规格用钢刀轧切成一定形状的工艺方法称为模切；利用钢线和压痕模，通过压力在纸或纸板上压出线痕，以便进行弯折成形，这种工艺称为压痕。在大多场合中，模切压痕工艺往往是把钢刀和钢线组合在同一个模板内，在模切机上同时进行模切和压痕加工，因此常常将模切压痕工艺简称为模压工艺。

模压前，需先根据产品设计要求，用钢刀和钢线排成模切压痕版（简称模压版），如图 8-13

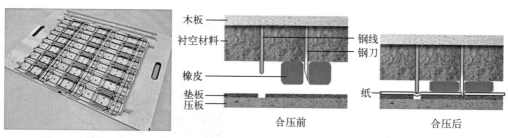

图 8-13　模切压痕版　　　　　　　　图 8-14　模切压痕原理

所示，将模压版装到模压机上，在压力作用下将纸板坯料轧切成型，同时压出折叠线或其他模纹。模压版结构及工作原理如图 8-14 所示。

2）模切压痕的作用及应用

产品经过模切压痕后，可以将方正的平面承印物，按立体容器的成型要求进行分切、压线，便于立体成型。模切压痕产品折弯、造型方便、平整、美观，其他工艺很难实现。各种产品采用模切压痕工艺后，其使用价值、艺术价值、产品档次等都提高了。

模切压痕工艺用于包装纸盒、纸箱和书封面、商标、吊牌、不干胶产品、旅游纪念品等产品，也可用于塑料、皮革制品的模切压痕。如图 8-15 为一些常见的模切压痕产品。

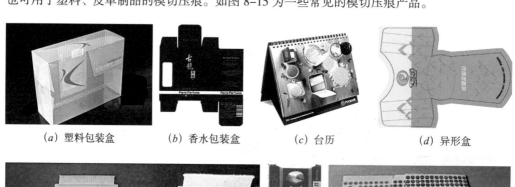

（a）塑料包装盒　　　（b）香水包装盒　　　（c）台历　　　（d）异形盒

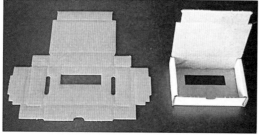

（e）瓦楞纸盒　　　　　　　（f）烟盒　　　　　（g）不干胶标签

图 8-15　常见的模切压痕产品

3）模切压痕工艺

模切压痕工艺流程为：

底板开槽 ┐
　　　　 ├→ 排钢刀、钢线 → 开连接点、粘贴海绵胶条 → 上版 → 调整压力
钢刀、钢线成型 ┘

→ 确定规矩 → 试压模切 → 正式模切 → 整理清废 → 成品检查 → 点数包装

（1）底板开槽

底板开槽是按照产品设计或样品的要求，将平面展开图上所需裁切的模切线和折叠的压痕线图形，按实样大小比例，准确无误地复制到底版上，并制出嵌刀线的狭缝。

底板开槽的切割方法主要有手工切割法、机械切割法、激光切割法和高压水枪喷射切割法等。而图样复制的准确性和切割底板的精确性是影响模压工艺质量的关键。

（2）钢刀钢线成型

按设计要求，将模压用的钢刀、钢线按照设计打样的规格和造型进行裁切与成型加工，同时根据要求把钢刀、钢线裁切弯曲成相应的长度和形状。

（3）排钢刀、钢线

钢刀和钢线成型加工后，将切割好的底板放在版台上，将钢刀、钢线、衬空材料按制版要求拼装组合成模切压痕版。

（4）开连接点、粘贴海绵胶条

在模压版制作过程中，开连接点是一项必不可少的工序。连接点就是在模切刀刃口部开出一定宽度的小口，在模切过程中，使废边在模切后仍有局部连在整个印张上而不散开，以便于下一步走纸顺畅。开连接点应使用的专用设备是刀线打孔机，即用砂轮磨削，而不应用锤子和錾子去开连接点，否则会损坏刀线，并在连接部分容易产生毛刺。

钢刀和钢线安装完后，为了防止模切刀在模切、压痕时粘住纸张，并使走纸顺畅，在刀线两侧要粘贴弹性海绵胶条，如图 8-16 所示。弹性海绵胶条在模切中所起的作用非常重要，它直接影响模切的速度与质量，一般来说，海绵胶条应高出模切刀 3 ~ 5mm。

（5）上版

上版是将制作好的模压版，安装固定在模切机的版框中，初步调整好位置，获取初步模切压痕效果的操作过程，如图 8-17 所示。上版前，要求校对模切压痕版，确认符合要求后，方可上版操作。

模切压痕版装好后，需要在压印底板上安装压痕底模。压痕底模应固定在压印底板上，与钢线一起作用，以保证产品压痕线的清晰、容易折叠成型。常用的压痕模有石膏压痕模、

图 8-16　粘贴海绵胶条

图 8-17　上版操作

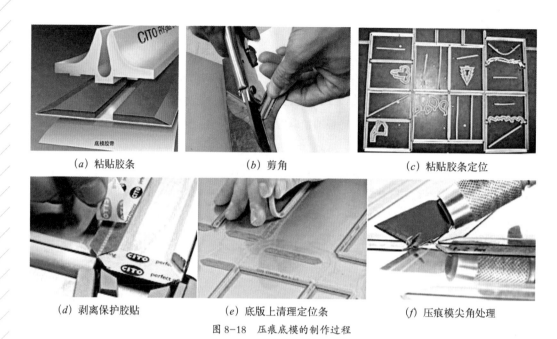

(a) 粘贴胶条   (b) 剪角   (c) 粘贴胶条定位

(d) 剥离保护胶贴   (e) 底版上清理定位条   (f) 压痕模尖角处理

图 8-18　压痕底模的制作过程

(a) 调节前规   (b) 调节侧规

图 8-19　确定规矩

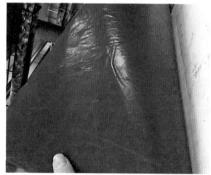

图 8-20　试切垫板

纤维板压痕模、钢制压痕模和自粘式压痕模（也称粘贴胶条）。如图 8-18 所示为压痕底模的制作过程。

（6）调整压力、确定规矩

点动机器至开牙位置，取一张所要生产的纸张，将纸张咬口一侧靠住前规挡片，随后按下点动按钮，启动运转按钮，当纸张经过模切顺利落至副收纸上时，取出样张，观察纸张模切压力情况。根据纸张模切压力情况，调节纸张压力大小（从小到大），当纸张上出现印记时，停止加压。

根据纸张上已出现的模切印记，调整前规叼口位置及侧规位置，使纸张模切线与模压版刀线重合，如图8-19所示。

（7）试切垫板

模切压痕版经上版，并确定好压力和规矩后，就需要在模切机上进行试切，如果发现样品局部正常而不能切断时，则需要垫版操作，常用垫版纸来保证压力均匀。

试切垫板常用的操作方法是采用压复写纸的方法，如图8-20（b）所示，即在复写纸下面铺上白纸，然后将模压版压在复写纸上，试压后观察白纸上的复写痕迹。复写痕迹深的地方压力大，则不需垫版或少垫版；复写痕迹浅的地方压力小，则需要进行垫版。

（8）正式模切

在试切垫压工作完成后，要全面检查模压样张，在确认各项指标均达到标准后，留出样张，可正式模切。生产过程中，操作人员和质检人员应随时注意模切压痕质量。

（9）整理清废

对模切压痕加工后的产品进行多余边料的清除工作称清废，又称落料，除屑、撕边等。

清废动作原理为：中部清废模版支撑住经模切压痕后的印品，上清废框下移，上下清废针瞬间夹住废边向下运动，在上清废针的作用下，将废边与成品分离。上部回位，下部向下运动，废边下落，从而实现了废边清除。清理后的产品切口应平整光洁。如图 8-21 所示为清废板、清废针的安装以及清废过程。

（10）成品检查、点数包装

清理后对成品检查，产品质量合格后，进行点数包装，点数中剔除残次品。

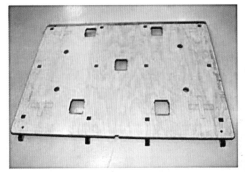
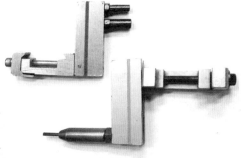

(a) 清废板　　　　　　　　　　　　　　(b) 上下清废针

(c) 清废板及清废针的安装　　　　　　(d) 清废

图 8-21　整理清废

8.1.4　烫印

1）认识烫印

烫印俗称烫金，是指借助一定的压力与温度，将金属箔或颜料箔烫印到印刷品或其他材料表面上的整饰加工技术。烫印有金属烫印、电化铝烫印和粉箔烫印，目前大部分采用的是

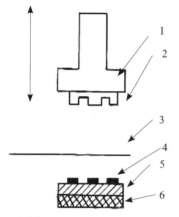

1—电热板；2—烫印版；3—电化铝；
4—烫印图文；5—待烫印物；6—压印版
图 8-22　烫印原理示意图

电化铝烫印。

烫印的原理实质是转印，是把烫金纸上面的图案通过热和压力的作用转移到待烫印物表面上的工艺过程。烫印时，电化铝的黏结层熔化，与承印物表面形成附着力，同时在压力的作用下使金属箔与载体薄膜发生分离，载体薄膜上面的图文就被转移到承印物上面。如图 8-22 所示为烫印原理示意图。

2）烫印的特点及应用

目前，烫印的应用范围十分广泛（如图 8-23 所示），除了用于书刊封面的点缀，还广泛应用于月历、年历、贺卡、产品说明书等，特别是包装装潢印刷品的表面装饰。烫金技术之所以能广泛应用并得以迅速发展，主要是由于它自身工艺的特点适应了社会的需要。首先，金属箔具有特殊的金属光泽和华贵、富丽堂皇的本色，可以增加产品的档次，同时对产品起到保护作用；其次，烫印的对象广泛，它不但可以在印刷品、纸张表面烫印，还可以在塑料、皮革、棉布等表面进行烫印；再次，烫金能赋予产品较高的防伪性能，如采用全息定位烫印方式，就能起到很好的防伪作用。

(a) 烟包　　　　　(b) 手提袋　　　　(c) 请帖　　　(d) 酒盒

(e) 化妆品包装盒　　(f) 春联　　(g) 年历　　　(h) 书籍封面

图 8-23　常见烫印产品

3）烫印材料

烫印材料是指在纸张、织品、皮革、涂布面料等材料上用热压方法烫粘上各种图文的材料，如金属箔、电化铝箔、粉箔等材料，也包括烫印时的各种助粘材料。

（1）金属箔

金属箔是将一些延展性好，带有特定光泽且外观好看的金属经过压延而成极薄的箔片，如金、银、铜、铝等。其中金箔使用最早，在我国已有几个世纪的历史，15 世纪末就曾流行用金箔装饰书籍，后来采用金属箔烫印书籍也越来越多。现在，处理一些贵重书籍仍采用金箔烫印外，一般书刊画册均采用更经济、工艺更简单的电化铝箔烫印来实现所需的金属效果。

（2）粉箔

粉箔是在片基上涂布一层由颜料、粘合剂、高分子助剂及溶剂混合而成的涂层。粉箔的特点是：颜色种类多、选择范围广，可做自动的连续烫印加工，浪费少、易运输贮存；但与其他烫印材料相比，粉箔的色层较薄，因此烫印后的颜色不够鲜艳和饱满。

（3）电化铝箔

电化铝箔是目前烫金加工中使用最为广泛的材料，它是一种在薄膜片基上真空蒸镀一层金属材料而制成的烫印材料。电化铝箔可代替金属箔作为装饰材料，具有华丽美观、色泽艳、晶莹夺目、使用方便等特点，适于在纸张、塑料、皮革、涂布面料、有机玻璃、塑料等材料上进行烫印。

4）烫印工艺

电化铝箔烫印工艺是利用热压转移的原理，将染色的铝层转印到承印物表面。即烫印时，在一定温度条件下，热熔性的有机硅树脂隔离层受热，其黏结力降低，在压力作用下，胶黏层与被烫印材料紧密接触，其黏结力大大增加，从而使隔离层与基膜层脱开，染色后的镀铝层转移到材料表面。

通常烫印工艺流程为：

烫印前准备工作→装版与调节→工艺参数的确定→试烫→签样→正式烫印。

（1）烫印前的准备工作

烫印前的准备工作主要包括电化铝箔的选择、检查和分切，以及烫印版的准备。

①电化铝箔的选择与分切

根据各种待烫印材料的结构、表面性能不同，选用与之相适应的电化铝箔，即烫印材料与电化铝的烫印适性好。

电化铝箔生产厂家生产的电化铝箔的规格是固定的，而需要烫印的产品尺寸各种各样，这就需要根据烫印面积将电化铝箔分切成所需的规格。合理使用电化铝箔，对充分利用材料、减少浪费和降低成本都有很重要的意义。必须在图文设计时就考虑到要使用合理，物尽其用，既要美观，又要节约。

在生产中，为了充分利用电化铝箔可以采用如下方法：

一次烫印：待烫印物大部分面积上都有图文，并且全部需要烫印，采用一次烫印，一个版一次烫印完成，能够比较充分地利用电化铝箔。

多块烫印：一个印件有几个块面需要烫印，使用整张电化铝箔会出现较多空位，可采用分块分段裁切的方法，几条电化铝箔同步烫印。

多次烫印：一个印件有几个块面需要烫印，不能采用几条电化铝同步烫印，可采用分块多次烫印。

②烫印版的准备

烫印电化铝箔的版材（如图8-24所示）一般有铜版、锌版和钢版三种。

图 8-24   烫印版

烫印版所用版材一般为铜版，烫印数量较少时，可采用锌版。烫印版材的厚度，一般为1.5 ~ 2.5mm。要根据被烫物质、厚度的具体情况，选择适当厚度的版材。

（2）装版与调节

将制好的烫印版粘贴固定在机器底板上，并调节规矩的位置和压力的大小，这一安装过程称为装版。印版的合理位置应该是电热板的中心。

印版固定后，为保证各处压力均匀一致，而对局部不平处进行垫版调整。垫版可根据烫印情况在平板或压印滚筒上粘贴一些软硬适中的衬垫，直到压力合适为止。

（3）工艺参数的确定

烫印的工艺参数主要包括：烫印温度、烫印压力及烫印速度。

①温度的确定：温度确定，应根据电化铝的型号及性能、烫印压力、烫印速度、烫印面积、烫印图文的结构、印刷品底色墨层的颜色、厚度、面积以及烫印车间的室温等情况综合考虑。烫印温度的一般在 70℃ ~ 180℃。

②压力的确定：设定烫印压力时，应综合考虑相应的各种因素。一般在烫印温度低、烫印速度快、被烫物的印刷品表面墨层厚以及纸张平滑度低的情况下，要增加烫印压力，反之则相反。

烫印过程中施压的作用有：一是保证电化铝能够粘附在承印物上；二是对电化铝烫印部位进行剪切。

③烫印速度的确定：烫印速度决定了电化铝箔与被烫印材料的接触时间，接触时间直接影响到烫金产品的质量。接触时间过长，会造成烫金图案变形；接触时间过短，会造成图文残缺不齐。烫印速度必须与压力、温度相适应，过快、过慢都有弊病。

（4）试烫、签样、正式烫印

烫印工艺参数确定之后，先要试烫，并根据试烫结果，再调节工艺参数，当烫印质量达到规定要求后，经签样后，即可进行正式烫印。

5）烫印设备

将烫印材料经过热压转印到被烫印材料的机械设备称为烫印设备。根据烫印方式不同，烫印机可分为平压平烫印机、圆压平烫印机、圆压圆烫印机；根据自动化程度不同，烫印机可分为手动烫印机、半自动烫印机和自动烫印机。

6）其他特殊的烫印技术

（1）立体烫印

立体烫印即烫印与压凹凸一次完成，即使用烫金版、底模，在一定的压力和温度作用下，

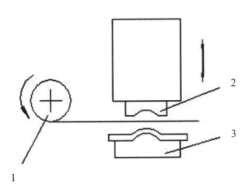

（a）立体烫印原理示意图　　　　　　　　（b）立体烫印版

1—电化铝；2—烫印版；3—凹凸底模

图 8-25　立体烫印版和烫印的原理示意图

使印刷品基材发生塑性形变，同时使电化铝箔印到印刷品或其他承印物上发生塑性变形的部位，从而对印刷品表面进行艺术加工。如图 8-25 所示为立体烫印版和烫印的原理示意图。

随着商品包装品种不断增加，包装要求日益提高，立体烫印图案能表现较强立体层次感，这样能提升产品的包装档次，如图 8-26 所示的立体烫印产品。现在立体烫印广泛应用于烟酒包装的印后加工，烫印质量好，精度高，烫印图像边缘清楚、锐利，表面光泽度高，图案明亮、平滑。

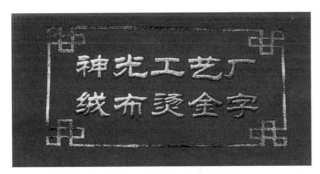

图 8-26　立体烫印产品

（2）冷烫印

冷烫印技术是近年来出现的一类新工艺，这种工艺不需要加热，而是在印刷品表面需要烫金的部位印上黏合剂，烫印时电化铝箔与黏合剂接触，在压力的作用下，使电化铝箔附着在印刷品表面，此时所用的烫印箔是无胶黏层的专用电化铝，所用黏合剂通常是 UV 黏合剂。如图 8-27 所示的冷烫印的原理示意图。

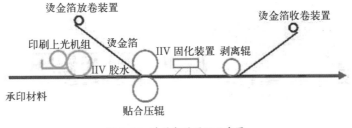

图 8-27　冷烫印的原理示意图

冷烫印工艺通常采用圆压圆加工形式，烫印速度较快，而且烫印加工与印刷可以同步进行，也可在铝箔表面进行印刷，可表现出各种金属色彩效果。尤其在标签、杂志、宣传海报领域应用较多。

但由于转移在印刷品上的铝箔图文是浮在印刷品表面的，牢固度很差，所以必须给予保护，通常可在印刷品表面上光或覆膜，以保护铝箔图文。

（3）全息烫印

全息标识烫印技术是一种新型的激光防伪技术，是将激光全息图像烫印在承印物上的技术。尽管问世至今时间不长，但在国内外已得到了广泛的使用，主要用于各种票证、信用卡、护照、钞票、商标、包装的防伪。如图8-28所示为全息烫印产品。

图8-28   常见全息烫印产品

8.1.5   压凹凸

1）认识压凹凸

压凹凸也称凹凸压印、击凸、凹凸印刷等，它是使用凹凸版（如图8-29所示），在一定的压力作用下使印刷品基材发生塑性变形，从而对印刷品表面进行艺术加工，如图8-30所示为压凹凸的示意图。

压凹凸不是使用油墨，而是直接利用印刷机的压力进行压印。经过压凹凸的印刷品，图像生动美观，有立体感，艺术效果非常强，大大提高了印刷品的附加值。

2）压凹凸的特点及应用

凹凸压印是浮雕艺术在印刷上的移植和应用，使平面印刷品产生类似浮雕的艺术效果，使画面具有层次丰富、图文清晰、立体感强、透视角度准确、图像逼真等特点。

图8-29   压凹凸版

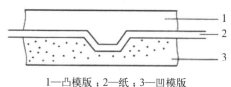

1—凸模版；2—纸；3—凹模版

图8-30   压凹凸示意图

压凹凸技术多用于印刷品和纸容器的印后加工，如高档的商品包装纸、商标标签、书刊装帧、日历、贺年片、瓶签等包装的装潢，如图 8-31 所示为压凹凸产品。

图 8-31　压凹凸产品

3）压凹凸工艺

压凹凸的主要工艺过程就是压凹凸前的准备工作、装版和压印。

（1）凹凸前的准备工作

①版材的选用与制作

凹版制作前，首先应根据被加工印刷品的特征及要求合理选用底板材料，一般选用铜板、锌板或钢板。铜板和钢板的材质密度、加工难度、成本造价均高于锌板。一般来说，如果加工的凹凸压印产品图文简单、加工数量又不大时可选用锌板，否则则选用铜板或钢板。凹版的制作方法有化学腐蚀法、雕刻法和化学腐蚀与雕刻共用的综合法。在实际生产中，为了提高制版效率、降低劳动强度，往往采用综合法制作凹版。

凹版制成后，还需配置一块与凹版图纹相反的压印凸版。通常采用复制工艺，即以制作好的凹版为母模，复制一块与凹版完全吻合的凸版。复制工艺有两种：一种是传统的石膏凸版工艺，另一种是新型的高分子材料凸模工艺。传统的石膏凸版强度低，随着压印的继续，石膏因为挤压而下塌的程度加重；而新型的高分子材料机械强度好、成型快速方便。

②检查印版质量

压凹凸的印版制作完后，应该先检查版面结构是否完整、层次是否分明，版面图文、规格与印刷图文、规格是否相适应。版面如果有麻点、毛刺等应该处理干净。

（2）装版

装版时，凹版应装在版台居中位置，以确保压力的稳定和均匀，使凹凸图案轮廓保持清晰。对于高分子材料的凸版，在凹版定位后应将定位螺丝旋紧，防止松动，凹版定位要准确，并要垫平。在凹版定位好并粘牢后，可将凸版（背面应先粘上双面胶布）图文与凹版图文轮廓套合，并在两边缘适当位置上用胶水稍微粘连起来，之后，开动机器进行压印，让凸版准确无误地贴在压印平板上。

（3）压印

压凹凸的方法与一般印刷方法相同，尤以平压平压印、手工输纸较为普遍。有的压凹凸工艺与模切压痕工艺和烫金工艺安排在一起，在同一台机器上完成，实现程序控制。

图 8-32　压凹凸设备

压印过程中，经常清刷印版上的杂质，防止垃圾碎粒压入，损坏凹凸印版。同时要经常检查印版松动和移位情况，尽量不要移动印版和版框，防止套印不准。

4）压凹凸设备

凹凸压印一般选择平压平凹凸压印机进行，也可采用圆压平或圆压圆凹凸压印机进行。现在，许多模切压痕机和烫印机安装有凹凸压印机构，组成多功能机器。

平压平凹凸压印机的特点是压力大，结构简单，操作方便，压印产品质量好，应用较广泛，但平压平型压印机冲击力大、压印产品轮廓层次丰富，但机速较低，印刷效率不高。

圆压平式压印机与一回转平台凸印机基本相同，只是去除了上墨装置。运转时，印版台每往复运动一次，压印滚筒转一周，即完成一个压印过程。由于圆压平型压印机的运转阻力小，所以机速较快，压凹凸的印刷效率较高。但另一方面，由于圆压平型压印机的压力冲击力小，所以印件的凹凸层次不及平压平型的效果好。

圆压圆型压印机的印版支承体、压印滚筒都是圆筒状的，如图 8-32 所示，通过旋转运动来完成压凹凸过程。在卷筒纸制品的印后加工单元，一般均采用此类圆压圆压凸工艺。凹凸压印版根据滚筒的结构分整体式和装配式两种。装配式便于更换不同的压凹凸模具，大批量生产（上千万件）时使用钢模，一般生产（几万到十几万）使用铜模或铜模电镀铬；整体式则更能保证压凹凸的精度。

凹凸压印机的结构和工作原理与凸版印刷机基本相同，这里就不再赘述了。

8.2　书刊装订

把印好的书页、书帖加工成册，或把单据、票据等整理配套，订成册本等印后加工，统称为装订。书刊的装订，包括订和装两大工序。订就是将书页订成本，是书芯的加工；装是书籍封面的加工，就是装帧。

8.2.1　平装工艺

平装是书籍常用的一种装订形式，以纸质软封面为特征。常用的方法有骑马订、无线胶订、铁丝订和锁线订等，如图 8-33 所示。

平装的工艺流程为：

印张→折页→配页→订书→包封面→三面切书→检查、包装。

(a) 骑马钉

(b) 无线胶订

(c) 铁丝钉

(d) 锁线订

图 8-33 常用的平装方法

1）印张

印刷完成的页面或经过表面整饰加工后的印刷页面。一般为四开、对开、全开等。

2）折页

折页是将印张按照页码顺序折叠成书刊开本大小的帖子，即将大幅面印张按照要求折成一定规格幅面的工艺过程。

除卷筒纸轮转印刷机有专门的折页装置，使印刷和折页在一台机器上连续完成外，其余印刷机的大幅面印张都要由单独的折页装置来折成书帖。

（1）折页形式

常用的折页形式有：平行折、垂直交叉折、混合折等三种，如图 8-34 所示。

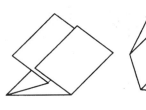

(a) 平行折   (b) 垂直交叉折    (c) 混合折

图 8-34 常见的折页形式

①平行折：是指相邻两折的折缝线都相互平行的折页方法。平行折分为扇形折、卷筒折（即卷心折）和对对折等。

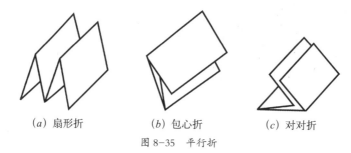

　(a) 扇形折　　　　　　　(b) 包心折　　　　　　　(c) 对对折

图 8-35　平行折

②垂直交叉折：它是指相邻两折的折缝相互垂直的折页方式，如图 8-34 (b) 所示。
③混合折：在同一书帖中，既有平行折页，又有垂直折页的折页法，如图 8-34 (c) 所示。

图 8-36　肯德基优惠券

图 8-36 所示的肯德基优惠券，采用折页、模切等工艺，相当多的优惠券可以折叠在一个小册子中，不仅携带方便，也非常美观。

图 8-37　某学校招生简章　　　　　图 8-38　某手机的说明书

图 8-37 所示是一份学校招生简章，采用错落有致的风琴折，每一个折口又恰巧是标签式标题，用不同的颜色标注醒目而又大方。

图 8-38 所示为某手机的说明书，8 折后再拦腰一折，将一张硕大的说明书折得整齐小巧，放在手机包装中，不仅节省空间，顾客取用时也非常方便。需要特别关注的是，不同色区通

过折痕区分，十分精妙。

（2）折页设备

用来完成折页工作的设备成为折页机，常用的折页机有刀式折页机、栅栏式折页机和混合折页机等。

①刀式折页机

刀式折页机采用折刀将纸张压入两只折页辊之间，再由两只折页辊的相向旋转形成折缝并将其送出，完成一次折页过程，如图8-39所示。

(a) 刀式折页机折页原理　　　　　　(b) 刀式折机外形图

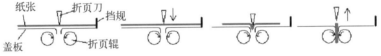

(c) 刀式折页机的折页过程

图8-39　刀式折页机

刀式折页机的特点是精度较高，操作较方便，但速度低，结构复杂，噪音、振动大，主要用于全张纸及较薄、软的纸，可折 $40 \sim 100 g/m^2$ 的纸。

②栅栏式折页机

栅栏式折页机由输页装置送出的印张，经过两个旋转的折页辊，输送到折页栅栏里，撞到栅栏挡板时，印张便被迫弯曲成对半形折入折页辊中间，完成第一折折页，然后将折过一折的书帖送到下一个折页栅栏里，用同样的方法进行第二、第三折。最后被送到收纸台，完成一个书贴的折叠工作，如图8-40所示。

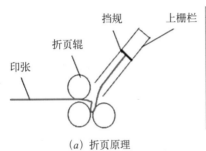

(a) 折页原理　　　　　(b) 折页过程　　　　　(c) 栅栏式折机外形图

图8-40　栅栏式折页机

　　栅栏式折页机的特点是结构简单，折页方式多，速度快，但精度低，但不适合折幅面大、薄而软的纸张。

　　③混合折页机

　　在同一台折页机上，既设有刀式折页装置，又设有栅栏式折页装置。这种折页机具有两者的优点，折页幅面大，速度快，精度高，是较理想的折页方式。目前较先进的折页机一般都采用栅、刀混合式，主要为对开、四开，通常一、二折为栅式，后为刀式。

图 8-41　混合折页机

　　3）配页

　　配页又称配帖，它是指将书帖或单张书页按页码顺序配集成书册的工序。

　　（1）配页方法

　　①套配法：套配法是将书帖按页码顺序依次套在另一个书帖的外面（或里面），使其成为一本书刊书芯的方法，如图 8-42（a）所示。套配法适用于装订杂志和册子、书帖较薄的出版物。

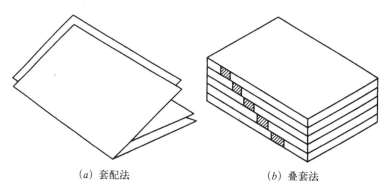

（a）套配法　　　　　　　　（b）叠套法

图 8-42　配页方法

　　②叠配法：叠配法是按各个书帖的页码顺序叠加在一起，使其成为一本书刊书芯的方法，如图 8-42（b）所示。叠配法适用于各种平装书刊，精装书籍和画册、无线胶订装订的书刊。

　　（2）配页机

　　把书帖按照页码顺序配集成册的机器叫配页机。配页机主要由机架、贮页台、传递链条、气泵、传动装置、吸页机构、叼页机构、检测装置及收书装置等组成。

　　如图 8-43 所示，书帖 1 按页码顺序分别放在挡板内，机器运行，叼页装置将挡板内最下面的一个书帖叼出，并放在传送链条 6 的隔页板上（图中未画出），再由传送链条上装着的拨书棍 4 将书帖带走。配齐后的散书芯由传送辊 7 通过皮带传动运走，完成配页工作。

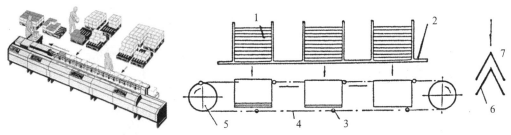

(a) 配页机示意图　　　　　　　　(b) 配页机的工作原理示意图

1—书帖；2—挡板；3—贮页台；4—拔书棍；5—机架；6—传送链条；7—传送辊

(c) 配页机外形图　　　　　　(d) 储帖台及叼页机构

图 8-43　配页机的工作原理

如果配页过程发生多帖、缺帖等故障时，配页机的书帖检测装置会发出信号，由抛废书机构将废书抛出。当传送链条上发生乱页现象时，机器自动停机，并显示出发生乱页的部位，以便操作人员进行及时的调整与维修。

4）书芯订联

书芯订联是通过某种联接方法将配好的散帖书册订在一起，使之成为可翻阅书芯的加工过程。常用的书芯订联方法有骑马订、无线胶订、铁丝钉、锁线订等。

（1）骑马订：书页用套配法配齐后，加上封面套合成一个整贴，并用铁丝钉从书籍折缝处穿进，同时将其弯脚锁牢，把书帖装订成本的方法称骑马订。骑马订特点有：①工艺流程短，出书快，成本低，翻阅时可以将书摊平，便于阅读；②铁丝易生锈，牢度低，不利于保存。

骑马订采用套配法配页，一般最多只能装订 100 个页码左右的薄本，多用于装订杂志、画报及各种小册子。

如图 8-44 所示为骑马订生产线。

（2）无线胶订：无线胶订是通过胶粘剂把配好的散帖书页连接在一起，使之成为一本书芯的加工方法。无线胶订特点有：①具有翻阅方便，不占订口；②无线胶订加工的书芯，既能用于平装，也能用于精装。

无线胶订中，铣背、打毛是关键的一道工序。铣背是将书芯书背用刀铣平，成为单张书页的工序，其作用是以便上胶后使每张书页都能受胶粘牢，铣背应以铣透为准，铣削深度一

图 8-44 骑马订生产线

般在 2~3mm。打毛是对铣削过的光整书背进行粗糙化处理，使其起毛的工艺。其作用是使纸张边沿的纤维松散，以利于胶的渗透和互相粘接。若铣背和打毛的深度不够，必然影响胶的渗透，从而造成脱页、散页等质量缺陷。

如图 8-45 和图 8-46 所示为无线胶订机和无线胶订生产线。

图 8-45 无线胶订机

图 8-46 无线胶订生产线

（3）铁丝平订：铁丝平订是将用配帖法配好的书帖，在订口处（一般离书脊 5mm 处），用订书机将铁丝穿过书芯在背面弯折，把书芯订牢的订书方法，如图 8-47 所示。

铁丝平订的特点有：①生产效率高，价格便宜，所订书册的书背平整美观；②订脚紧，较厚的书不易翻阅；③铁丝受潮易生锈而影响书的牢固度，同时也会造成书页的破损和脱落。一般用于装订较厚的书刊、杂志，对装订的书帖有较宽的选择性。

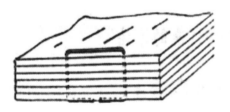
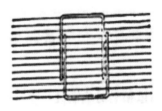

图 8-47 铁丝平订

（4）锁线订：锁线订是将已配好的书芯，按顺序用线一帖一帖沿折缝串联起来，并相互锁紧的装订法，如图8-48所示。

锁线订特点是各页均能摊平，阅读方便，牢固度高，使用寿命长。锁线订广泛应用于精装书册、要求高质量和耐用的书籍。

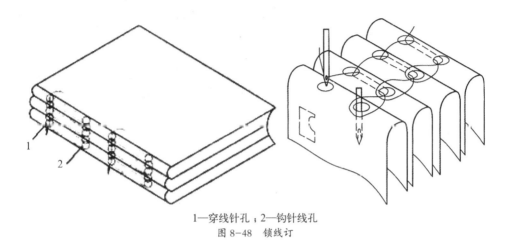

1—穿线针孔；2—钩针线孔
图8-48　锁线订

5）包封面

包封面是在包本机（也称包封面机）上完成的。包本机是完成对书芯背脊进行自动上胶并粘贴封皮的机器。常用的包本机有圆盘式包本机和直线式包本机，如图8-49所示。

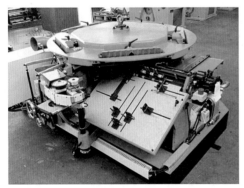

（a）圆盘式包本机　　　　　　　　　　（b）直线式包本机
图8-49　包本机

6）三面切书、检查与包装

把包好封面、书背平整的毛本书，用切书机将天头、地脚、切口按照开本规格尺寸裁切整齐，使毛本变成光本，成为可阅读的书籍。切书可以采用单面切纸机或三面切书机裁切，如图8-50和图8-51所示。三面切书机是裁切各种书籍、杂志的专用机械，三面切书机上有三把钢刀，它们之间的位置可按书刊开本尺寸进行调节。

书刊切好后，逐本检查、打包，防止不符合质量要求的书刊出厂。

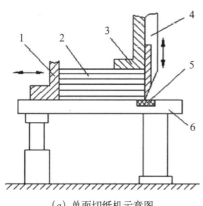

(a) 单面切纸机示意图

(b) 单面切纸机外形图

1—推纸器；2—纸张；3—压纸器；4—裁刀；5—刀条；6—工作台

图 8-50   单面切纸机

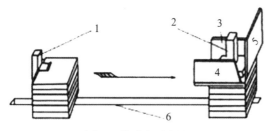

(a) 三面切书机示意图　　　　　　　(b) 三面切书机外形图

1—夹书器；2—压书器；3—左侧刀；4—右侧刀；5—前刀；6—递书滑道

图 8-51   三面切书机

图 8-52   精装书籍

8.2.2   精装工艺

精装是书刊装订加工中一种精致的装帧方法，通常指对书芯和封面进行精致造型加工。如图 8-52 所示的精装书籍。精装工艺，它是指折页、配页、订书、切书以后对书芯及书籍的外形进行加工的工艺。主要有书芯加工、书壳制作及上书壳三大工艺过程，其制作工艺流程如图 8-53 所示。

1）书芯的制作

书芯的制作，一部分与平装书装订工艺过程相同，包括折页、配帖、锁线与切书。在完成这些工作以后，应该进行精装书芯特有的加工过程。

书芯的加工过程为：

压平→刷胶干燥→裁切→扒圆→起脊→刷胶→粘纱布→粘堵头布、书背纸→干燥。

（1）压平

它是对书芯整个幅面用压板进行压平压实的工艺。其作用是挤出书芯书页间残留的空气，使书芯平整、结实、厚度均匀，以利于后面工序的加工和提高书籍质量。

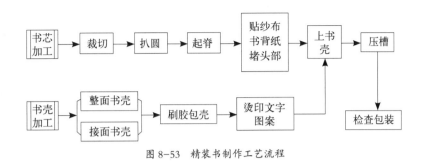

图 8-53　精装书制作工艺流程

（2）刷胶烘干

刷胶使书芯达到基本定型，在下工序加工时，书帖不致发生相互移动，书芯刷胶可分为手工刷胶和机械刷胶两种。刷胶时胶料比较稀薄为好。

（3）裁切

用三面切书机对刷胶烘干后的书芯根据尺寸要求进行裁切，成为光本书芯。

（4）扒圆

把书背做成圆弧形，使书芯的各个书帖以至书页相互均匀地错开，切口形成一个圆弧的工序，如图 8-54 所示。便于书籍翻阅，提高书芯与书壳的连结牢度。

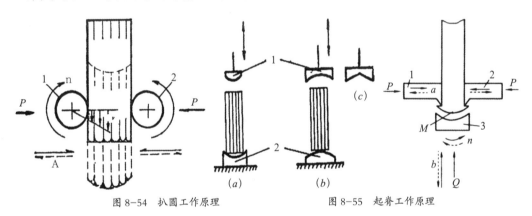

图 8-54　扒圆工作原理　　　　　　　　图 8-55　起脊工作原理

（5）起脊

它是指将扒圆后书芯的书背与环衬在连接处加工出脊垄，形成沟槽的过程，如图 8-55 所示。主要是为了防止已扒好圆的书芯回圆变形，使书籍外形整齐美观，提高书耐用程度，同时也使书壳易于开合。

（6）贴背

贴背又称"三粘"或"三贴"，它是指在书芯背上粘纱布、粘堵头布（又称花头）、粘书背纸，如图 8-56 所示。使书芯的外形固定，并使帖与帖之间、书壳与书帖之间的连接牢度提高，同时使上书壳后的书籍美观、耐用。

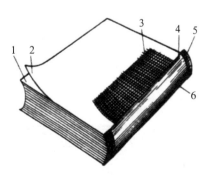

1—书芯；2—衬纸；3—纱布；4—背胶；
5—堵头布；6—背脊纸
图 8-56　"三粘"后的书芯

①粘纱布:是在书芯刷胶后,将比书芯短,比书背宽的纱布,平整地贴在书脊背上的作业。其目的是使书芯更加牢固。

② 粘堵头布 : 是按照书芯脊背的圆弧长度,将堵头布粘在书脊背的天头和地脚的边沿,紧靠切口的工序。使书贴连接得更加牢固,并起装饰作用。

③粘书背纸:是将书背纸对准书芯脊背的中线贴在书背上的加工作业。将书背纸和堵头布、纱布及书芯背部连为一体,使堵头布在书背上粘的更牢,同时也防止书芯背部与书壳粘贴。

2）书壳的制作

书壳分全面书壳和半面书壳。全面书壳也称整面书壳是封面、封底和背脊都连在一起的一块面料；半面书壳也称接面书壳是封面、封底用同一种材料,而脊背衬用另一种材料,如图 8-57 所示。

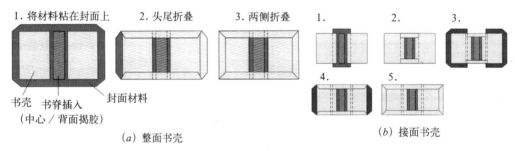

图 8-57　书壳的制作

制作书壳时,先按规定尺寸将封面材料刷胶,然后再将前封、后封的纸板压实定位,称为摆壳,包好四周边缘和四角,就成为一个完整的书壳,进行压平即可。

做书壳有手工制作,但效率低,现改用机器制作。

制作好的书壳,需要进行整饰加工,在前、后封和脊背上压印书名的图案等,加工方法可以是油墨压印、金属箔烫印、压印凸凹纹、丝网印等。

书壳整饰以后,进行最后加工——扒圆,扒圆的目的是使书壳的脊背成为圆弧形,以适应书芯的圆弧形状。

3）上书壳

把书芯和书壳连结在一起的工作叫上书壳,也称套壳,此工作可以手工进行也可以机器进行。

图 8-58　压槽后的书本

先在书槽部分刷胶,然后套在书芯上,使书槽与书芯的脊粘接牢固,再在书芯的衬页上刷胶使书壳与书芯牢固、平服。硬封精装书刊的前后封面与背脊联接的部位有一条书槽,作用是保护书芯不变形,造型美观,翻阅方便,如图 8-58 所示。

压槽完毕后,精装书刊加工结束,如有

护封，则包上护封即可包装出厂。

精装装订工序多，工艺复杂，用手工操作时，操作人员多，装订速度慢、效率低。目前采用精装装订自动线，能将经锁线或无线胶订的书芯进行连续自动地流水加工，最后成品输出，大大加快了装订的速度，提高了工效。自动线能完成书芯供应、书芯压平、刷胶烘干、书芯压紧、三面裁切、书芯扒圆起脊、书芯刷胶粘纱布、粘书背纸和堵头布、上书壳、压槽成型、书本输出等一套完整的精装装订工作。

项目小结

本项目主要介绍印后加工的概念和内容，掌握印品表面整饰加工的常用方法、各自的特点及其工艺过程，常用的印品表面整饰加工的作用、使用的产品范围及设备名称；书刊装订的主要方法和特点；平装的种类、特点，并掌握其工艺过程；精、平装的主要区别，掌握精装书的特有工艺过程。通过实践，将理论与实践结合，为学生更深层次地理解、掌握印后加工知识与技能打下良好的基础。

课后练习

1）什么是印后加工？印后加工包括哪些内容？

2）覆膜的作用是什么？有几种覆膜工艺及各自的特点是什么？

3）何谓上光？上光的作用是什么？

4）模切压痕的特点和作用是什么？

5）模切压痕工艺主要有哪些工序？各工序有什么作用？

6）什么是压凹凸？压凹凸的特点及作用是什么？

7）分别简述平装和精装书籍的工艺流程。

参考文献

[1] 胡唯友 . 印刷概论 [M]. 北京：化学工业出版社，2006.

[2] 冯瑞乾 . 印刷概论 [M]. 北京：印刷工业出版社，2005.

[3] 陈永常 . 现代印刷技术 [M]. 北京：化学工业出版社，2003.

[4] 邓普君 . 平版胶印 [M]. 北京：化学工业出版社，2001.

[5] 刘全香 . 数字印刷技术及应用 [M]. 北京：印刷工业出版社，2011.

[6] 郝清霞 . 数字印前技术 [M]. 北京：印刷工业出版社，2007.

[7] 金银河 . 柔性版印刷 [M]. 北京：化学工业出版社，2001.

[8] 武军 . 丝网印刷原理与工艺 [M]. 北京：中国轻工业出版社，2003.

[9] 武兵 . 印刷色彩学 [M]. 北京：印刷工业出版社，2008.

[10] 余勇 . 凹版印刷 [M]. 北京：化学工业出版社，2011.